天津大学建筑教育八十华诞系列丛书·建筑系

设计从空间开始——建筑设计基础作业集

主编 袁逸倩 贡小雷

U0218252

天津大学出版社
TIANJIN UNIVERSITY PRESS

主 编

袁逸倩　贡小雷

编 委

王　苗　冯　琳　许　蓁　李　伟　张小弸
陈高明　郭娟利　滕夙宏　魏力恺

序 PREFACE

许蓁

XU Zhen

天津大学"建筑设计基础课程"有着非常悠久的历史传承，从 20 世纪 50 年代建系以来，经过几代教师的思考与总结，逐渐形成了天大建筑基础教学的特色。概而言之，是以几何与色彩训练为基础，将线条的疏密与色彩的关系推广至对建筑空间的认知与表现。这种训练对天大学生的设计思维产生了相当深远的影响，主要体现在对几何与构图关系的洞察力和对空间形式与节奏的敏感性上。

随着建筑设计内涵的悄然转变以及设计复杂性的日趋提高，建筑师不可避免地要对设计空间的生成逻辑做出回应，而逐渐普及的电脑制图又使传统的线条和色彩训练似乎失去了实用性的价值，这些都使传统的建筑设计基础教育面临着改变的需求和压力。

自 20 世纪末，天大的建筑设计基础教学开始系统性的课程改革，突出了空间认知到设计这条主线，一方面从空间认知入手，重视将普通个体的生活感知和积累逐步迁移到他们的设计逻辑之中，同时将传统的图形训练、色彩训练、制图训练等融入系统的认知训练过程；另一方面，在对经典建筑空间解析的基础上，开启空间设计训练。空间设计始于体块构成，终于实体建造，从而完成了一个从认知到设计，再到建造的整体过程。经过十几年的不断探索、梳理和调整，同时也借鉴了许多国内外建筑设计基础教学的成功经验，天大的建筑设计基础教学逐渐形成了具有自身特色和思路的教学框架，也因此获得了 2011 年度国家级教学成果奖。

谈到建筑设计基础的教学框架，总要回答三个基本问题，一是所谓"设计基础"的内涵究竟是什么？二是哪些课程是覆盖这些"内涵"的最佳组合？三是这些课程组合的内在逻辑是什么？第一个问题决定了后两个问题的出发点，也实际决定了建筑教育的基本特色——从某种意义上，这本书中给出了自己的解答。近年来，随着数字技术的快速发展，建筑空间的认知方法、设计方法和营造方法产生了许多新的变化。相信有关问题的思考与应对，将会推动建筑设计基础教学的探索一直持续下去。

天津大学建筑学院副院长

袁逸倩

YUAN Yiqian

呈现给读者的这本小册子，是近五年来天津大学建筑学院本科一年级的优秀课程作业选，反映了近年来我们"建筑设计基础"课程教学成果的一瞥。

"建筑设计基础"是建筑类院校本科一年级学生的主要专业基础课，课程目标是建构一个体系，帮助学生完成从体验—认知—学习—设计这样一个过程，逐步完成建筑师基本素质的启蒙和养成，完成学习设计的入门工作。

我们的教学从使用者"人"的认知与行为入手，解决人与空间、环境的关系问题。促使学生对空间的基本问题进行观察思考进而设计，此乃"建筑设计基础课"要解决的任务之一。

建筑设计其实就是空间设计，空间为人所使用，人的行为尺度是空间设计的基本参考数据，了解自身的尺度与环境行为的对应关系是空间设计不可或缺的依据。对尺度的正确理解以及在各类空间中的灵活运用尺度，是设计的根本。对于建筑初学者而言，观察、思考、分析、体验是非常重要的基础训练。学习感知对空间的体验、认知和表达是设计之初必须具备的知识。

设计从空间开始，是我们一直以来秉承的一条主线。在这条主线中，从自身活动的空间开始，去理解人体基本活动的空间尺度；从街区认知理解人的社会活动尺度；从对设计大师的作品分析来理解空间的设计及营造；从方盒子空间的生成到实际环境中的使用空间，来理解空间的生成及应用，最后是实体空间的建构，了解不同建构材料的性能特性、构造节点、形成的空间尺度与结构形式。

从理性上认识城市街道，再从感性上触摸建筑空间，到最后的实际搭建并体验实体空间。通过这一系列的课程作业使学生逐步理解尺度、空间、设计，从而学会设计。

希望本作品集对有志于学习设计的学生、设计爱好者、建筑教育者能够有所启发和启示。最后要感谢参加建筑设计基础课教学的所有老师们，是你们的辛勤努力，才有这本书的付梓。同时谨以此书献给天津大学建筑教育八十华诞。

天津大学建筑学院建筑教育研究中心主任

目录

01 人体尺度
Human Dimension

课程设计任务书

"模数进行度量和统一，基准线进行建造并使人满意……基准线可以做出非常美的东西，它们是这些东西为什么美的原因……基准线导致探索精巧的比例与和谐的比例，给作品以协调。"

——勒·柯布西埃

人的物理尺度是确定家具、建筑及其他人造用品尺寸的重要依据。从家具的功能及物质意义来讲，家具要满足人使用上的要求，需要回应人体的尺度，更需要对应某种人体姿势；因此，家具的各部分尺寸必须符合人体的基本尺寸，并且需要在与人体接触部分尽量吻合。同时，部分家具除却需要回应人体的姿势，还需要考虑它们在使用时如何回应人体的行为尺度要求。从建筑起源看，尺度本质上是一个建筑的基本度量单位。人类最初是通过测量的方法建造其庇护空间的。这势必需要一个可以度量的单位才能保证测量的准确性。原始人建造棚屋时采用了自己的肢体（如手臂、步距）作为度量单位，以人体尺度为标准进行的建造活动使建成物最大限度地满足于人的使用。同时，与家具不同，建筑营造出的空间更大程度上容纳和承载的是行为模式，进而回应多样的行为并促成良好的生活或工作模式。

▌教学目的

一、人体尺度认知

1. 充分掌握人体尺度在建筑设计中的基础性作用，熟悉常用的自身人体尺度数据。

2. 掌握建筑设计中，建筑构件（家具等）和人体尺度的对应关系。

3. 初步理解建筑空间和行为尺度及行为模式的关系，建立根据人体尺度感知空间的设计观念。

二、表现技能

1. 学习在绘图表达中，比例、比例尺、尺寸标注的基本方法。

2. 掌握绘制平、立、剖面图时，不同线型的表达方法。

最终通过完成绘制图纸表达对人体尺度、空间-行为关系的理解，并掌握绘图的初步技法。

▌教学内容

按照附表的要求，学生测量自己的人体尺寸，并依据测得数据，按比例选择合适的人体姿态进行绘制，了解建筑构件、家具与人体尺度的关系。

一、测量人体、家具、建筑等尺寸

1. 人体：自己的身高、肩高、视高、举手高；一拃长、一脚长、一步长、双臂展开长等。

2. 家具：绘图桌椅、课桌椅、阅览室桌椅、电脑桌椅、餐桌椅等长、宽、高的尺寸及间距。

3. 建筑：窗台、单扇门、双扇门、楼梯踏板、建筑入口、室外台阶等尺寸。

二、设计个人空间

1. 测量宿舍、卧室、客厅或书房，了解室内空间布置与家具的尺寸。

2. 在 4 m×4 m×4 m 的立方体空间中，设计具有某一主题特色的个人空间。

3. 绘制个人空间的平面与剖面。

▌进度安排

第一周：布置任务书，测量并记录人体相关尺寸。

第二周：讲解测量、绘图基本技法。

第三周：制作个人空间模型。

第四周：绘制室内空间平面、剖面图。

▌成果要求

1. 绘制 A2 图纸两张，其中一张为人体行为、家具、建筑构件的测绘图纸；比例格尺寸为 20 cm x 20 cm，比例为 1：20。
2. 另一张为某一选定建筑空间的测绘图纸，平面图 1 张，室内剖面图两张，比例为 1：20，铅笔绘图。
3. 个人空间模型一个，比例为 1:20。

▌参考书目

[1] 田学哲. 建筑初步 [M]. 北京：中国建筑工业出版社，2010.

[2] 建筑设计资料集（人体尺度部分）[M]. 北京：中国建筑工业出版社，2017。

[3] 阿尔文 R 蒂利. 人体工程学图解 [M]，中国建筑工业出版社.1998.

[4] GEORGE D，ROBERT T.Body and Building: Essays on the Changing Relation of Body and Architecture[M]. Cambridge，Massachusetts：MIT Press，2002.

[5] 程大金. 建筑：形式、空间、秩序 [M]. 邹德侬，刘丛红，译. 天津：天津大学出版社，2008.

[6] 赫曼·赫茨伯格. 建筑学教程 2：空间与建筑师 [M]. 天津：天津大学出版社，2017.

[7] 彭一刚. 建筑空间组合论 [M]. 北京：中国建筑工业出版社，2008.

[8] 齐康. 建筑课 [M]，北京：中国建筑工业出版社，2008.

▌课外作业

1. 仿宋字练习 16 开纸一篇，打格或衬着格纸写，字格大小：6 mm x 9 mm 顶格写字，行距 5 mm，字距：2 mm 。
2. 建筑速写临摹或写生 16 开纸一张。
3. 附表中的自身人体尺寸测量数据。

▌基本绘图工具

2H、HB、2B、4B 若干支绘图铅笔，大三角板一套，丁字尺，三棱比例尺，钢卷尺（3 m ～ 5 m），绘图纸，水胶带，针管笔一套，橡皮，裁纸刀等。

▌附表

数据名称	数据用途
身高	限定头顶上空悬挂家具等障碍物的高度
肩高	限定行走时肩可能触及障碍物的高度
肘高	确定站立工作时的台面等高度
中指上举高	限定上部柜门、抽屉拉手等高度
肩宽	确定家具排列时最小通道宽度与座椅间距
胸厚	限定储藏柜及台前最小使用空间水平尺寸
坐高	限定座椅上空障碍物的最小高度
坐姿肘高	确定座椅扶手最小高度和桌面高度
坐姿膝高	限定柜台、书桌、餐桌等台底至地面的最小垂距
坐姿大腿厚	限定椅面至台面底的最小垂距
小腿加足高	确定椅面高度
臀膝距	限定臀部后缘至膝盖前面障碍物的最小距离
坐深	确定椅面的深度
坐姿两肘间宽	确定椅面的深度
坐姿臀宽	确定椅面的最小宽度
臂长	确定柜类家具的最大水平深度
腋高	限定如酒吧柜、银柜等高服务台的高度
跕高	限定搁板及上部储藏柜拉手的最大高度
蹲高	限定蹲下时头部上空障碍物的最低高度
蹲距	限定蹲下时家具前面空间的最小距离
单腿跪高	限定单腿跪下时头部上空障碍物的最低高度
单腿跪距	限定单腿跪下时家具前面空间的最小距离

优秀作业

棱柱体 微空间
杨俊宸 2013 级

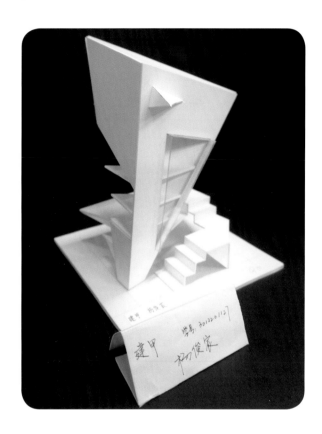

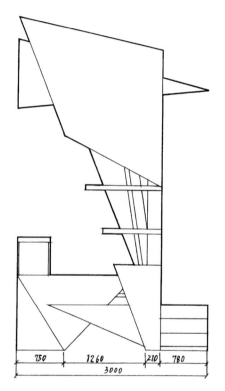

立面图 ◤

设计说明

以两个锥体嵌套为主体的微空间,被台阶环绕,拾级而上,雕塑式锥体景观在眼前展开,抵达平台,局部斜向下的凹槽可作躺椅,依靠时便透过顶窗望向天空,竖向锥体背面容纳三层书架,可摆放图书或展品。

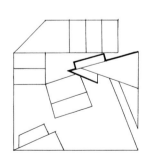

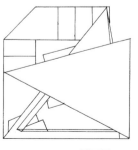

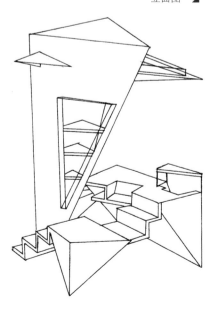

平面图 ◤

木影书阁
杨晴 2013 级

设计说明

"书是人类进步的阶梯"，空间利用楼梯整合存书、取书、读书等人体行为，增强空间利用率与层次感，使人步入书的世界，突显书阁主题。利用木制材料，更显舒适自然。木条制成的斜屋顶形成独特光影韵律感。

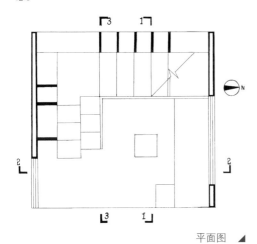

平面图 ◢

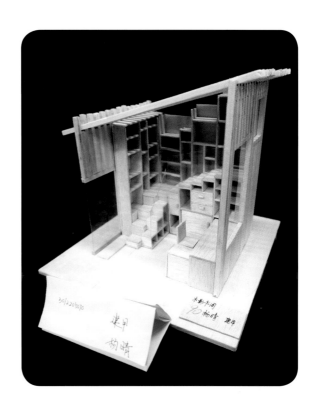

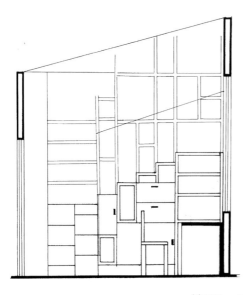

剖面图 ◢

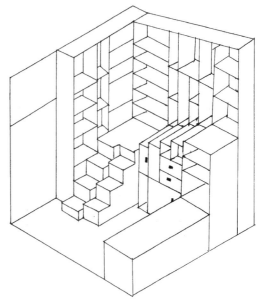

轴测图 ◢

居室设计·一个人的空间
张琪岩 2013 级

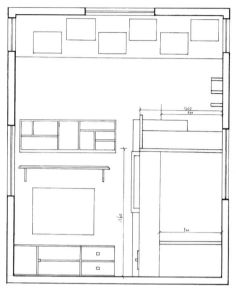

剖面图 1 ◢

▍设计说明

一层：影视观看、音乐享受、畅游书海、朋友小聚、
　　　起居休息、休闲娱乐。

二层：读书阅览、凭高望远、午后小憩、休闲享受。

储物：床下抽屉、衣柜、爬梯下、书架、电视柜、架子。

装饰：墙面、爬梯侧、照片墙。

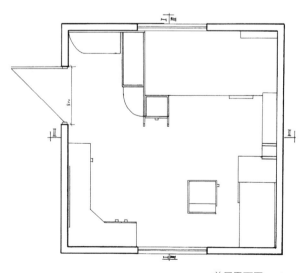

首层平面图 ◢

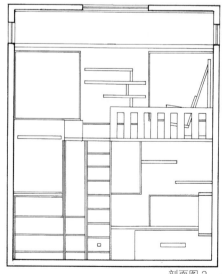

剖面图 2 ◢

光影木屋·个人空间设计
先楠 2014 级

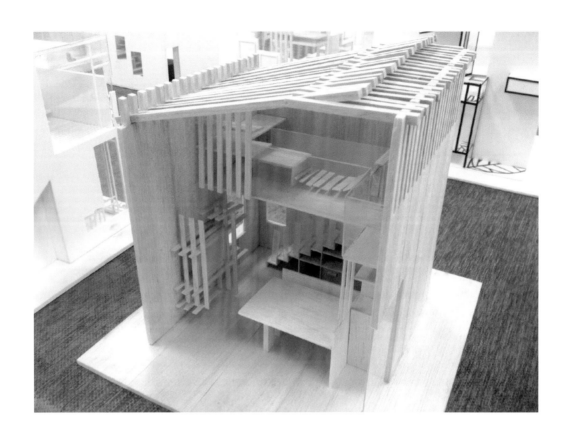

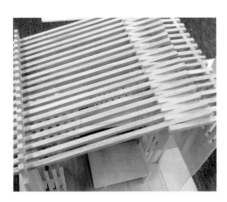

▌设计说明

屋顶的木条依次排列，一半阳光，一半阴凉，
宁静与舒适。

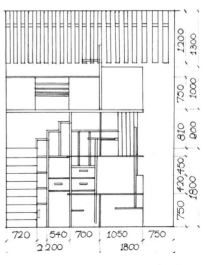

立面图 ▶

酒围
杨骁 2014 级

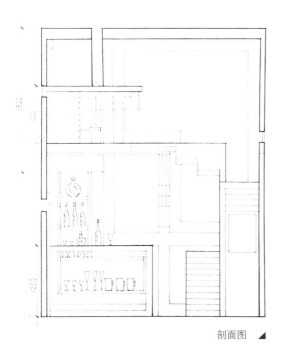

剖面图 ◢

设计说明

方格交织出围棋棋盘之势，黑白互绕藏隐局中之妙，酒中泪、歌中醉，久违之友酒围欢笑。

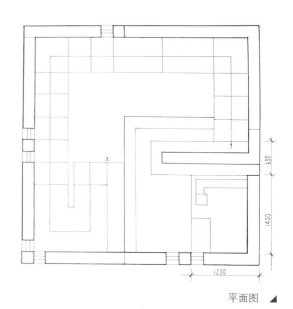

平面图 ◢

斑瑕花房

柴彦昊 2014 级

设计说明

堆积的立方体贯穿连通整个空间同时形成两个完整的花架。简洁的二层设计和大面积花墙玻璃幕墙保证了花房必需的开敞明亮。二层封闭部分使空间虚实结合。表现斑驳的光影和残损的花架，故名斑瑕。

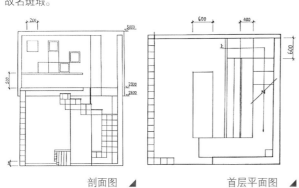

剖面图 ◢   首层平面图 ◢

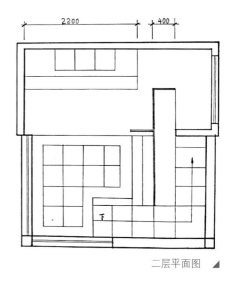

二层平面图 ◢

个人空间·谧居
曹柏青 2014 级

设计说明

这是一个满足个人休闲与学习需求的空间。一层正面巨大的落地窗使视野开阔，人坐在沙发上休息的同时可以观赏窗外优美的风景。楼梯下方的储物格子使空间得到充分的利用。二楼两处玻璃窗和房顶在为人提供多个观景角度的同时也丰富了整个空间的立面。家具依照屋顶的透光分区放置。夜间躺在床上可以透过玻璃欣赏璀璨星空。这个空间的整体特征是简洁，光线充足，使人能放下烦闷的情绪，心情豁然开朗。

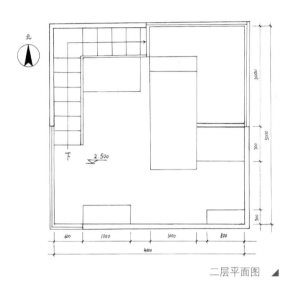

二层平面图 ◢

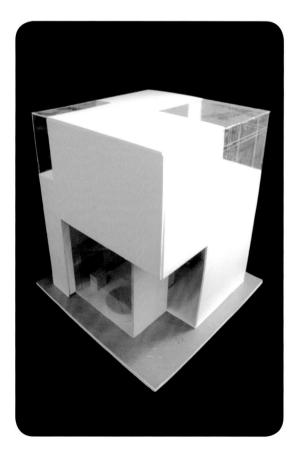

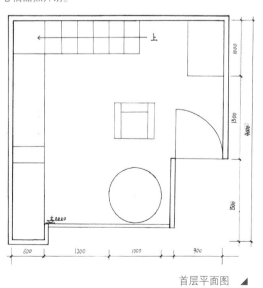

首层平面图 ◢

个人书屋
梁毅 2014 级

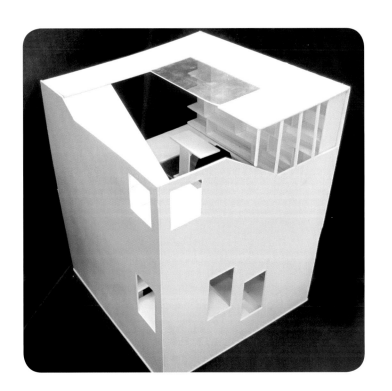

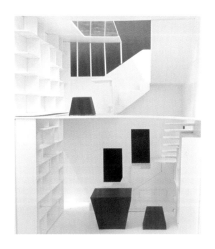

▌设计说明

1. 书架式楼梯除交通和存书功能外，还提供了读书平台。
2. 二楼与屋顶相连的小阳台可读书和远眺。

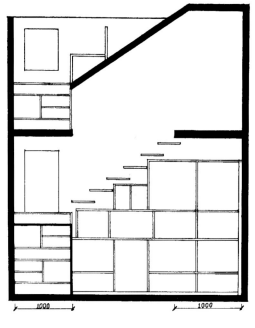

剖面图 ◤

首层平面图 ◤

02 城市认知
Urban Cognition

课程设计任务书

人的物理尺度是确定建筑、城市以及空间的重要依据。后者需要回应人体的尺度，其尺度必须符合人的基本活动需要。尺度同时还是一个基本的度量单位，用于建筑和城市的建造与测量。城市是人类活动开始聚集后产生的大型空间，同样地，城市的规模也是由人的尺度发展而来的。现代城市是人类活动的巨大集合体。在这样一个庞大的空间尺度中，人们通过特定的方式去感知，并建立自身的城市意象与认知。作为一个未来的设计师，我们在这个课题中学习从尺度这个基本层面出发，去熟悉、探查、研究和分析我们所在的城市与空间。通过实地探查，体验街道、街区、广场等城市基本单元的尺度与空间关系，了解群体空间与个体空间在尺度上、使用方式上的不同，了解人的活动行为与空间和场所的关系，研究其中的规律，并通过图解和抽象的方式将感性的认知转换为平面的与可读的图示语言。

教学目的

一、城市尺度认知

1. 基地调研与分析：通过探查、记录、拍照等手段学习观察城市、记录城市的调研方法。

2. 尺度认知：熟悉街道、建筑群和广场等城市空间的尺度，体会城市尺度与人体尺度的差别。

3. 空间与行为认知：研究特定场所中人的行为活动规律，思考人与空间的互动关系，就街区空间比例与人的心理感受之间的关系、空间连接与人的流线之间的关系等因素进行深入的分析。

二、表现技能

1. 图解分析：掌握空间在图面上的表达方法，初步了解和学习与城市空间有关的图解分析方法，尝试用实例分析的方式进行练习。

2. 练习概括、抽象和综合的能力，学习实体—图面—抽象的逻辑思维方法。

3. 建筑制图：练习徒手线图和色彩表达技法，学习 Photoshop 计算机制图表达技法。

教学内容

一、调研城市典型区域

1. 选择面积约 300 m×300 m 的街区或 500 ~ 1000 m 长的街道进行城市调研。对所挑选的调研地块进行实地探查，从尺度、空间、人的活动、空间与时间的关系等角度进行深入的了解。可以采用照片、DV、手绘图等方式进行记录。

2. 将获得的资料进行整理和研究，寻找一种逻辑方法有序地将其整合。运用路径、斑块、图底等理论方法进行分析，掌握空间的尺度、肌理、节点等概念；对人们的行为进行分析，了解大尺度空间与人之间的互动关系和规律。

3. 对街区、街道等城市形态进行概括性分析和综合。

二、研究建筑与环境色彩

对街区进行色彩分析，并选取街区内 4 ~ 6 个建筑进行色彩意象表达。综合抽象阶段：将之前完成的分析图、表现图、意象图等各种图纸进行扫描，用 Photoshop 进行综合排版，最终完成两张 1 号图纸。

进度安排

第一周：布置任务书，选择调研区域。

第二周：讲解城市调研方法并实地记录。

第三周：归纳分析调研资料。

第四周：将认知内容绘制成图纸。

第五周：学习色彩理论并调研。

第六周：对重点建筑进行色彩意象表达。

成果要求

1. 绘制 A1 图纸两张，内容包括调研照片、调研路径、城市截面、图解分析与色彩分析。

2. 将调研过程中所拍摄的照片或者绘制的素描按照一定的方式呈现在图面上，表现调研对象的意象。

3. 将调研的地点和路径以手绘图的方式表达出来，练习以总图的方式表达城市。

4. 找到调研对象的某个截面，河流、街道或者广场等，绘制截面，了解城市、建筑群和人群的尺度关系。

5. 运用城市色彩调研分析方法对街区进行色彩分析，并选取4～6个建筑进行手绘色彩表达或改造。

教学相关论文

看得见的城市

——基于"观察—研究—图解"的城市空间认知教学探索

——冯琳　袁逸倩

摘要： 近年来，天津大学建筑学院本科一年级建筑设计基础课程主要围绕"空间"为核心展开，作为空间认知训练的重要单元，城市空间认知教学成为集认知空间、培养思维、训练技法等多重教学内容为一体的综合性训练。课程围绕"观察—研究—图解"设置教学环节，引导学生在获取有关城市、空间、尺度等方面建筑学知识的同时，了解空间与人的行为之间的关系，掌握调查、研究、分析、图解的方法以及相关的绘图技法。

关键词： 建筑设计基础；城市空间认知；观察；研究；图解

"城市是众多事物的一个整体：记忆的整体，欲望的整体，一种言语的符号的整体……"

——伊塔洛·卡尔维诺《看不见的城市》

▌课程背景

进入 21 世纪以来，随着设计观念的发展、建筑作品的多元化以及数字技术的应用，建筑教育领域也在发生着深刻的变革。作为建筑学的入门专业课，建筑设计基础教学逐渐由强调绘图技法训练转变为以培养设计思维为导向的课程设置。近年来，天津大学建筑学院本科一年级建筑设计基础课程主要围绕"空间"为核心展开教学单元的设计，划分为两个阶段：空间认知训练与空间设计训练（图 1）。其中，空间认知训练着重引导学生接触和了解空间，初识人与空间的尺度关系、城市与建筑空间的要素及其与人的行为之间的关系等，为此后的空间设计训练奠定认知和能力的基础。

作为空间认知训练中的重要单元，城市空间认知教学发挥承上启下的作用：一方面将之前对于人体尺度与空间关系的学习引入对城市空间基本要素及其空间尺度的探查，通过亲历体验而产生初步的空间认知；另一方面，引入研究型的设计思维，引导学生就城市空间中的问题进行思考与分析，并尝试性地提出解决策略。在此基础上，针对手绘及图解表达的技法进行训练，为接下来的建筑空间分析教学以及未来的设计教学提供研究能力与绘图能力的支持。因此，城市空间认知教学不仅是空间知识的学习，而且是集认知空间、培养思维、训练技法等多重教学内容为一体的综合性训练。

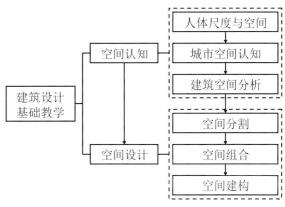

图 1 以"空间"为核心的课程教学 ◢

▌课程设置

对于建筑学初学者而言，"观察—研究—图解"是空间认知的基础，是建筑设计的前提，也是设计基础训练的重要环节，其注重和强调：敏锐的视角洞察事物的不同面向，身体的介入建立以人为主体的空间认知；深入的追问探究表象背后的源起和本质，清晰的思维揭示逻辑的推演与策略的提出；图示的语言表达无形的思想，准确的描绘呈现有形的空间。因此，城市空间认知教学面向城市空间这个包含了建筑以及人的行为的集合体，引导学生通过实地调研，观察城市空间的基本要素，如道路、边界、区域、节点、标志物，体验街道、街区、广场等城市基本单元的尺度，研究城市空间场所中人的行为活动，并对其中的规律进行分析，进而通过图解表达的方式将上述内容转换为可读的图示语言，由此建立并呈现自身的城市空间认知。

在本教学单元中，教学组指导学生在天津城市具有特点的公共空间，如五大道、意风区、解放北路、滨江道等地区中选取一个面积约 300 m×300 m 的街区或长约 500～1000 m 的街道为对象，通过为期 6 周的教学训练，完成两张 1 号图纸作为课程提交的最终成果。"观察—研究—图解"构成了本课程单元的核心。与之相对应,教学组将训练目标定位为以下三个方面:第一,掌握调查、记录、拍照等城市调研方法,了解城市调研的内容,熟悉城市街区、街道、建筑、道路、广场等空间尺度,理解城市空间的肌理、节点等概念;第二,掌握统计、比较等研究分析方法,了解城市空间中人的行为活动规律,城市空间尺度与人的心理感受之间的关系,空间与人的交通流线之间的关系;第三,掌握将三维空间转换为二维图纸的表达方式、徒手表达和色彩表达技法、基本构图原理,初步了解与城市空间相关的图解分析方法。

教学过程

城市空间认知教学过程主要通过以下三个阶段展开:观察体验阶段、研究分析阶段和图解表达阶段。

观察体验阶段——获取信息

在初期的观察体验阶段,教学组首先针对教学目标进行集中授课,布置课程任务书,对城市空间的相关理论、城市空间的元素、城市空间的尺度、人的行为活动、城市调研的方法等内容进行讲授。此外,就天津城市发展进行专题讲座,特别是针对调研基地所处的近代以来形成的天津历史文化街区进行详细介绍,讲述这些基地所处的城市区位、城市空间形成的政治和文化背景、街区内建筑的历史信息、不同街区的城市空间特征等。在全面了解上述信息的基础上,每位学生自主选定调研基地,在老师的指导下划定调研的地块范围。接下来,学生对各自选定的基地展开全面充分地实地调研,采用文字、照片、视频、手绘等方式对观察体验的内容进行详细记录(图2)。调研内容包括:基地内建筑、道路、广场、雕塑、绿化等要素的空间分布与尺度关系;建筑的样式、材料、功能、历史信息;街道界面、道路交通、绿化景观现状;人的行为活动及其时空分布等(图3)。

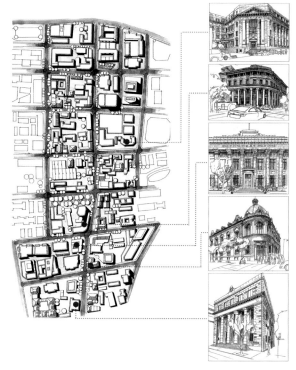

图 3 观察体验阶段训练

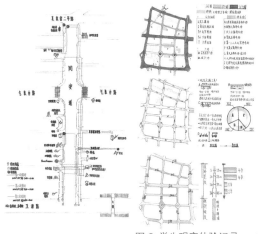

图 2 学生观察体验记录

图 4 资料收集

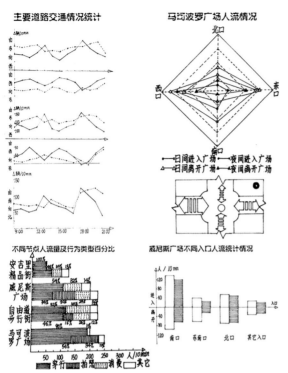

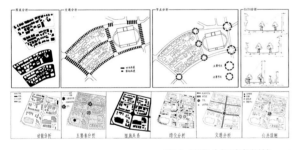

图 5　数据分析　◢

图 7　色彩分析训练　◢

图 6　研究分析阶段训练　◢

研究分析阶段——加工信息

在中期的研究分析阶段，学生将调查获取的资料进行梳理，并结合部分文献研究、图像信息的收集，对调研内容做进一步完善，进而合理运用逻辑方式将调研信息进行有序地组织与整合（图 4）。在此基础上，就一些调研主题进行量化统计、类型分析、比较分析、层级分析等，绘制相关柱状图、饼状图、曲线图（图 5）。与此同时，结合路径、斑块、图底等理论方法，对街区、街道等城市形态进行概括性分析与综合，从多个维度呈现城市空间的结构、肌理、节点等（图 6），其间，教学组会针对相应的研究分析，例如色彩分析的内容与方法进行专题授课（图 7）。在上述观察体验和研究分析的基础上，教师将进一步引导学生思考探究城市空间的尺度、形式、环境与人的行为活动、心理感知、运动流线之间的关系（图 8）。

图解表达阶段——输出信息

在后期的图解表达阶段，教学组首先针对建筑制图、图解分析、构图排版等训练内容进行集中授课。在此基础上，学生依据建筑制图原理和方法，运用墨线、水彩渲染及其他手绘方式进行线条和色彩表达，将前期调研的三维城市空间转化为二维建筑图纸。与此同时，运用与城市空间相关的图解分析方法，将上一阶段的研究分析经抽象提炼，运用图示语言进行绘制和表达。最后，将上述总平面图、分析图、表现图等进行构图和排版，此环节可借助 Photoshop 软件进行，完成图纸的绘制。最终，学生提交成果图纸，由教学组评定，并择优在学院展厅展示。

▌ 教学成果

从学生完成课程提交的成果图纸来看，教学目标得到了实现，学生在一定程度上建立并呈现了自己对城市空间的认知，理解并学习了与城市空间相关的基础知识，掌握了调查、研究、分析的方法，绘图技法也得到了训练。以下选取了 2016 级建筑学 3 位学生的成果图纸，他们的作业对于城市空间认知的内容各有侧重，接下来将通过分析来进一步说明本课程单元的教学成果。

建筑与规划认知

学生作业一选取天津五大道历史风貌街区中的地块为调研对象，五大道属近代天津租界地区，当时以"花园城市""高级住宅区"的理念进行规划和建设，成为天津近代居住建筑最为集中的区域。学生在详细调研的基础上，针对历史街区特有的建筑与规划状况展开深入剖析，对于其中的历史风貌建筑，包括居住建筑、体育场等，就其空间特征、材料运用、使用现状以及修缮更新等进行分析，对街区的建筑密度、交通状况、界面色彩和空间尺度等进行研究。图纸在墨线线条的基础上，运用了彩铅、水彩进行绘制，通过 Photoshop 软件进行排版，成果图纸整体内容丰富，构图饱满，色彩和谐统一（图 9）。

空间与行为认知

学生作业二选取天津意风区中的地块作为调研对象，天津意风区为近代天津意大利租界区，2003 年年底开始进行修缮和保护性开发建设，引入餐饮娱乐、文化艺术、创意设计等商业业态，将其开发为供市民休闲活动的场所。学生通过调研，特别针对基地中人与城市的密切互动，对街区内人群密度、人流交通进行分析，对人与街道的尺度进行图解，对人的行为与公共空间的关系进行研究，进而形成了以人为主体的城市认知地图。最终成果以黑白墨线表现为主，图纸表达逻辑清晰、层次分明，较为充分地体现了思考城市空间的独特视角（图 10）。

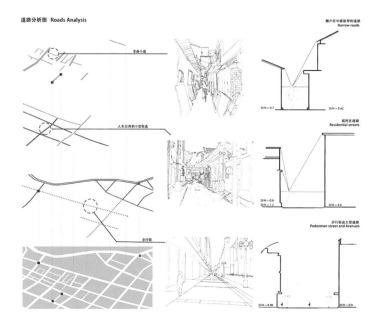

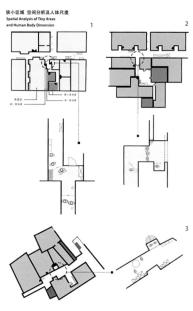

图 8　人的行为与空间关系分析 ◢

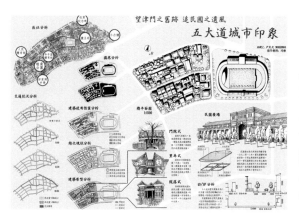

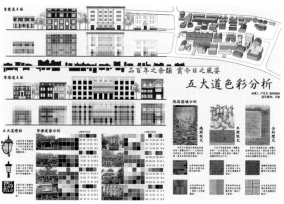

图 9　学生作业一 ◢

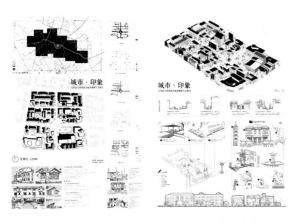

图 10　学生作业二

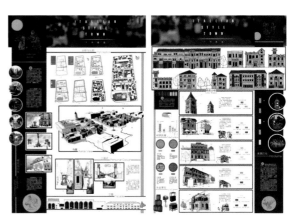

图 11　学生作业三

风貌与色彩认知

学生作业三同样选取了天津意风区中的地块作为调研对象，通过对基地的深入调研，以城市风貌为切入点，着重对建筑样式、材料、色彩、照明等进行系统分析。不仅如此，该同学还在调研的基础上，针对城市现状中的空间问题提出了自己的思考和设计策略。值得一提的是，成果图纸的绘制引入了新的技术方法，学生运用绘图软件在 iPad 上完成手绘，是新时期将数字技术引入绘图训练的尝试和探索（图 11）。

结语

基于"观察—研究—图解"的城市空间认知教学是一项将知识、思维、技法相融合的综合性设计基础训练。学生一方面通过亲身调研和体验获取了有关城市、空间、尺度等方面的建筑学知识，初步了解了空间与人的行为之间的关系；另一方面还在学习中掌握了调查、研究、分析、图解的方法；与此同时，通过训练承袭天津大学传统建筑绘图技法，并展开新时期新技术的应用和尝试，为今后的学习奠定了重要基础。

参考文献

[1] 伊塔洛·卡尔维诺. 看不见的城市 [M]. 张宓 , 译. 南京 : 译林出版社 ,2006:7.

[2] 凯文·林奇. 城市意象 [M]. 方益萍 , 何晓君 , 译. 北京 : 华夏出版社 ,2001:35–36.

[3] 格里特·施瓦尔巴赫. 城市分析 [M]. 杨璐 , 柳美玉 , 译. 北京 : 中国建筑工业出版社 ,2011:110.

[4] 杨·盖尔. 交往与空间 [M]. 何人可 , 译. 北京 : 中国建筑工业出版社 ,1992:1–44.

优秀作业与点评

城市意象·滨江道
张开 2013 级

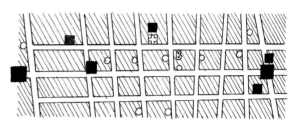

■影院　田医疗　○住宿　B银行　■休息区

公共设施分布分析图 ◢

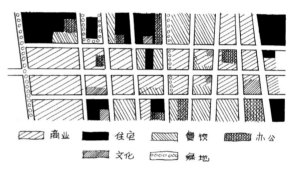

▨商业　　■住宅　　▨餐饮　　▨办公

▨文化　　▦绿地

功能分区分析图 ◢

商业分析

■ 2万平米以下规模
■ 2万平米以上规模
▨ 现在主要商业圈
▨ 建国前的商业圈

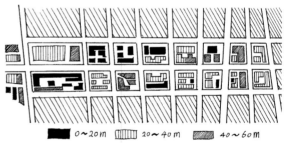

■ 0～20m　Ⅲ 20～40m　▨ 40～60m

建筑高度分析图 ◢

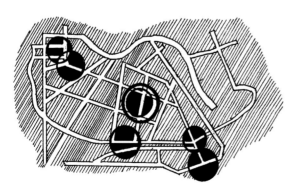

天津主要商业区分析图 ◢

滨江道畅想

通过分析可以看出，人们并不希望对街区做太大改变，只希望做细部调整，保持现状，同时又提升内部品质，使之成为一个基础设施完备、消费人群广泛、街区分布统一、金牌老店突出的生态化、和谐化、国际化商业街区。

滨江道

自海河边张自忠路起，向西南方向延伸到南京路，全长 2094 m。20 世纪 20 年代末，随着劝业场一带商业的兴起而渐兴荣。步行街呈直线型，其间与七条街相交。滨江道有深厚的历史沉淀，有不少保存良好的欧式建筑，建筑立面低调却有独特的文化韵味和景观个性。

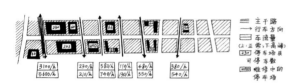

交通分析图 ▶

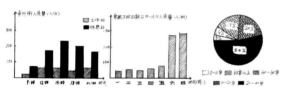

人流分析图 ▶

西开教堂

1916 年由法国传教士杜保禄主持修建，采用法国罗曼式建筑造型，高 45 m，建筑面积 1585 m²，平面呈十字形，楼座由黄、红花砖砌成，上砌翠绿色圆肚尖顶，圆拱窗，彩绘壁画，装饰华丽，为天津教堂中规模最大的一座。

劝业场

被誉为"城中之城""市中之市"，所以天津商业区的建立就是从劝业场开始的，天津劝业场始建于 1928 年，楼高 7 层，33 m，建筑面积 24000 m²。这座折中主义风格的大型建筑由法籍工程师慕乐设计。这座建筑已然是天津的象征、津门建筑的代表。

教师点评

该同学选择天津市和平区滨江道商业步行街为调研区域，重点调查了该区域的商业情况、功能分区、公共设施等。以图底关系方式分层级描绘了区块，非常清晰地反映了街区历史变化与地域商业价值。滨江道上的西开教堂与劝业场是天津标志性历史建筑，该同学生动活泼地绘制的两幅速写展示了过硬的素描功力。

新意街
罗珺琳 2013 级

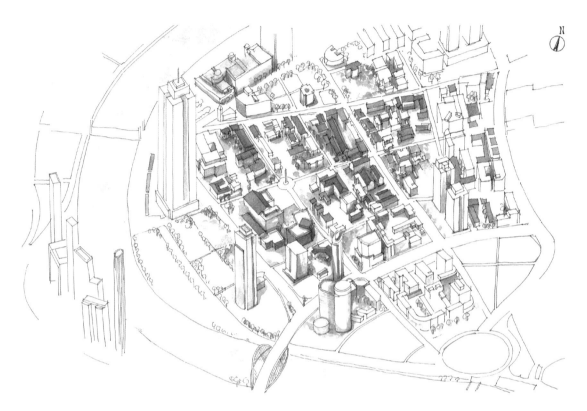

天津一宫花园历史文化街区保护规划分析图 ◤

□ 居住用地
▨ 商业性公共设施用地
□ 公益性公共设施用地
▤ 中小学、幼儿园用地
▨ 广场、社会停车场库用地
▨ 公共设施用地
□ 绿地
□ 水域
▥ 规划道路红线
▦ 核心保护范围
▦ 规划界限

意风区是"一宫花园历史文化保护区"的重要组成部分,目前商业开发集中在自由道两侧,日后将进一步进行业态结构调整,扩大商业区域,集中体现消费娱乐功能,并实现与周边区域的功能过度。

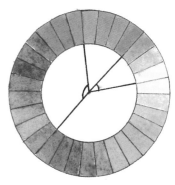

街道色彩范围分析图 ◢

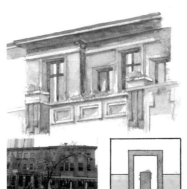

 —— 主色调　辅色调　点缀色

教师点评

该同学选取天津市意式风情区作为城市认知调研区域，以钢笔墨线加水彩渲染方式表现了意风区的迷人风貌。一方面，分析该区域的整体结构与功能分区，对区域尺度有了详细的认识；另一方面，用细腻生动的水彩渲染表达了历史建筑的鲜艳色彩及各类立面材料。

新·意风情

牛瑞甲 2014 级

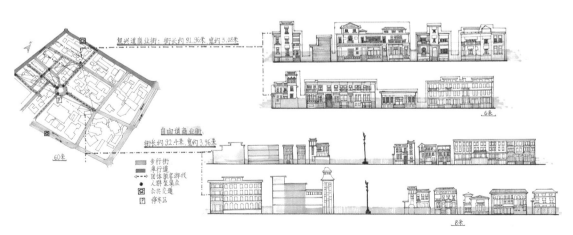

楼层立面分析图 ◢

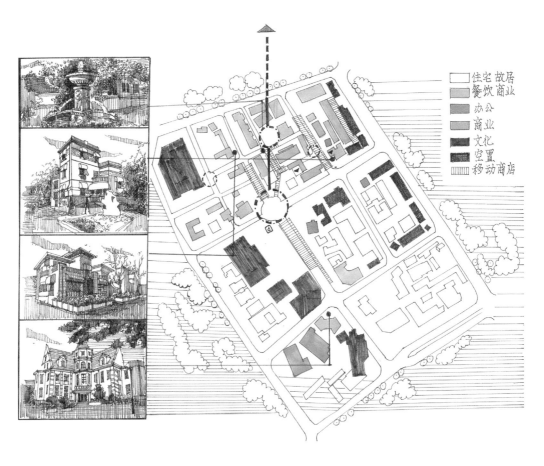

住宅 故居
餐饮 商业
办公
商业
文化
空置
移动商店

教师点评

该同学选择天津意风区进行研究。在作业中，从宏观方面分析了区位关系、景观轴线、图底关系以及交通流线等内容；在微观方面分析了街道立面、建筑风貌、景观等内容，显示了对该地区调研和分析的整体性和深入性。同时，在图面表达方面，研究内容表达清晰准确，图面布局得宜，色彩清新雅致。

新·意风情区
牛瑞甲 2014 级

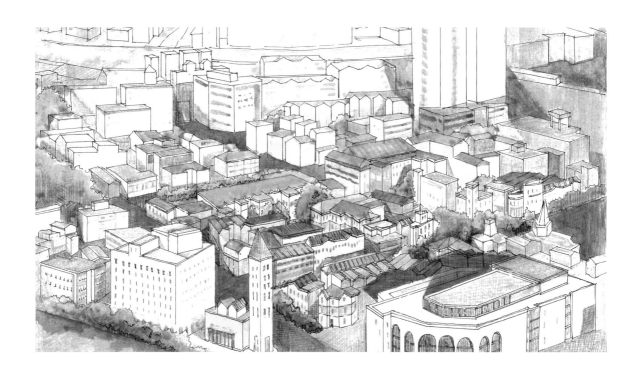

建筑色彩

移动色彩

教师点评

该作业选取天津意大利风情区作为城市色彩的调研对象。在研究方式上作者采取了由表及里、由外而内以及由感性至理性的、渐进式的探索方法。首先作者采用鸟瞰图的形式将整个意风区的色彩意象感性地呈现在观者面前，然后进入街道内部，对不同形态、风格以及色彩倾向的建筑和景观设施进行了详细的分析、比较。并以图示的形式将其色相、明度和纯度的变化进行了详细标注。这种方式有助于便捷、快速地了解一座城市的色彩意象。

金融街日报
刘雅轩 2014 级

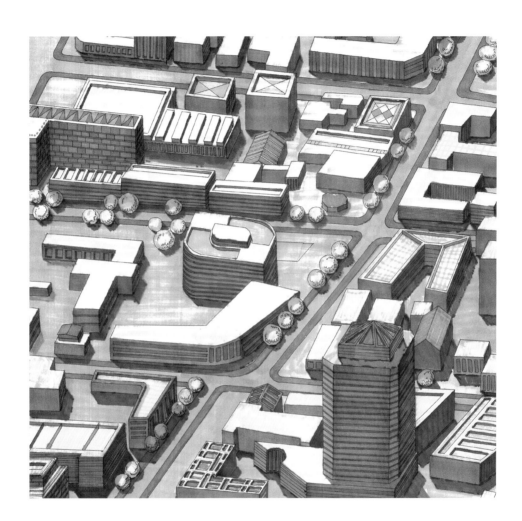

解放北路的路灯很多，而且很有特色，两灯间距 17.6 m，街区规划十分整齐，每个街区几乎都是长方形的。

因解放北路地区一部分是属于原法租界，所以梧桐树保存完整。解放北路的街道在保定桥北边是略窄的石板路，长椅非常个性化，让行人和居民有了休息闲读的地方。

解放北路与营口道是整个地区的缩影，位于原英、法租界交界处，形成错开又融合的奇境。

昔日的朝鲜银行，1918 年建于解放北路 86 号。外檐墙面柱式均采用清水红砖，体现了地方材料和鲜明的个性，色彩明快。

昔日的东莱银行现为天津的科学宫，位于解放南路287号，建于1918年2月，两侧设有科林斯柱廊，阁楼设有重檐圆形塔楼大厅，内设有彩色水磨石地面和护墙板。

新华信托储蓄银行，位于解放路10号，建于1934年初，建筑面积7026 m²，外檐是石材饰面，造型庄重挺拔，强调竖向构图，整体感非常强。

原华俄道胜银行现为中国人民银行，位于解放路121号，建于1900年，占地面积为700 m²，建筑面积2900 m²。

昔日的汇丰银行（解放路97~101号），由英国投资于1918年间开业，外檐墙面与柱式均采用花岗岩石，个性鲜明，色彩明快，温馨简洁。

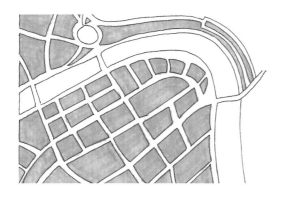

解放北路
地块规划格局成网格状，街道大致呈不规则的直角交叉。

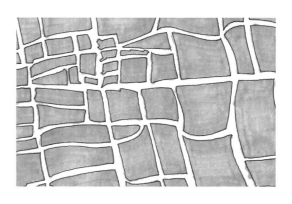

京西城区
道路是棋盘式格局，南北中轴线横平竖直。

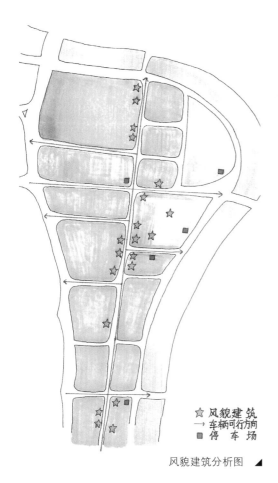

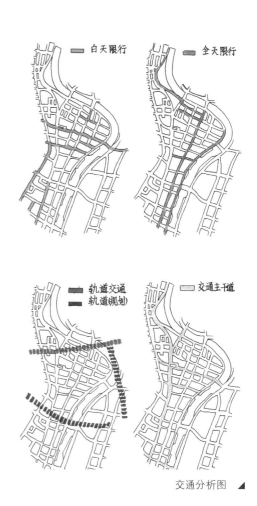

风貌建筑分析图 ◣

交通分析图 ◣

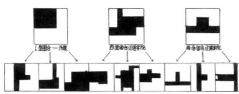

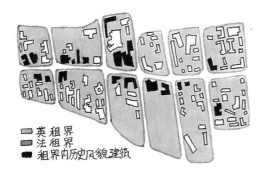

租界建筑类型分析图 ◣

教师点评

该同学的作业是针对天津解放北路历史街区的研究，从风貌、街区尺度、图底关系、交通、院落组合等几个角度进行了深入调研和分析。作业首先选择了解放北路的建筑和空间意向进行了研究，描绘了街区整体空间布局，选择了具有代表性的几栋建筑详细进行了描述和表现。在空间关系的调研中，利用了图底关系的分析方法，对解放北路金融街与国内和国外的几个城市街区做了对比分析，显示了不同街区在尺度上与建筑和开放空间关系上的异同之处。同时还对街区的交通情况进行了调研和统计，并运用图表的方式表达。

东方华尔街
化昌宇　2014 级

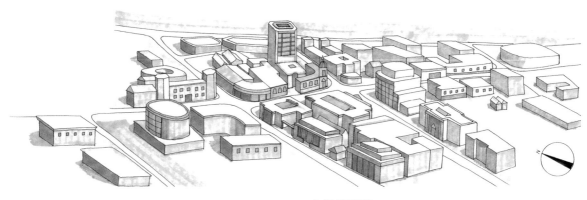

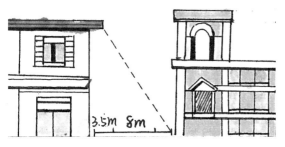

▌ 地区概况

解放北路位于天津和平区，原为旧时英、法租界，素有"东方华尔街"之称。本地区多保护性建筑，集各种风格为一体，简洁不失紧致，庄重不失典雅，是一条重要的金融街和建筑群。解放北路功能分区较过去变化不大，凭借其卓越的地理位置和金融优势，金融在本地区一直保持着主体地位。但时代变迁，原来几十家银行争奇斗艳的情景早已不再，昔日的金融中心名称也早已不醒目，但伴随着历史岁月冲刷的建筑群依然矗立在那里。

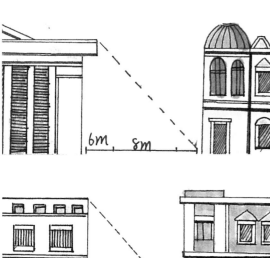

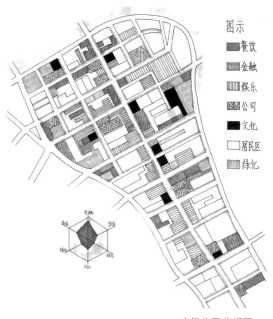

街道截面分析图　◢　　　　　　　　　　　功能分区分析图　◢

交通拥堵路口分析图　▲

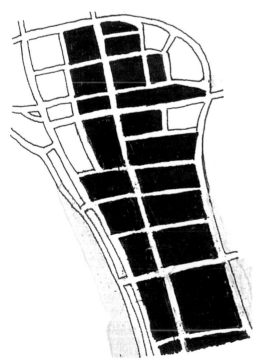

图底关系分析图　▲

路灯

解放北路路灯众多而且富有古典主义艺术风格。路灯高约 3.5 m，每隔 15.6 m 设有一个，夜晚灯光效果极好。

柱式

因本地区旧时为租界地，各类外国建筑在本地区均有分布，各类柱式均可在本地区一见。

长凳

此长凳设计十分人性化，长约 1.8 m，宽 0.5 m，分三段隔开，每隔约 14.4 m 设一个。

▋ 城市风格

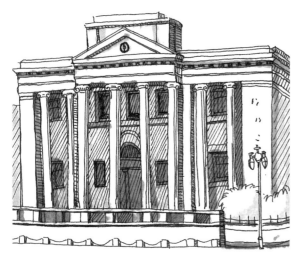

原汇丰银行，属于希腊古典复兴式风格。

大清邮政津局，是一座欧洲古典主义与中国砖雕工艺相结合的建筑。

天津利顺德大饭店是天津历史上第一家外资大饭店，在近代史上曾是重要的外交活动场所。孙中山、胡佛、卓别林、梅兰芳等名人都曾在此下榻。152间客房均采用经典的维多利亚时代风格装潢，充分体现其悠久的历史传统。

教师点评

该同学的作业主要从功能分区、建筑风格特点、街区尺度等几个角度对天津解放北路历史街区展开研究。为了充分表现建筑风格特点，作业选择了几个有代表性的实例进行描绘，选择了街区的标志性建筑——利顺德大饭店进行了重点分析，还表现了与之相应的建筑细部和城市家具，全面体现了解放北路的风貌特色。同时，作业还对该地区的功能分区、街区尺度、交通情况等也进行了详细的分析与研究。

廊桥遗梦 · 海河上的桥
郭嘉 2014 级

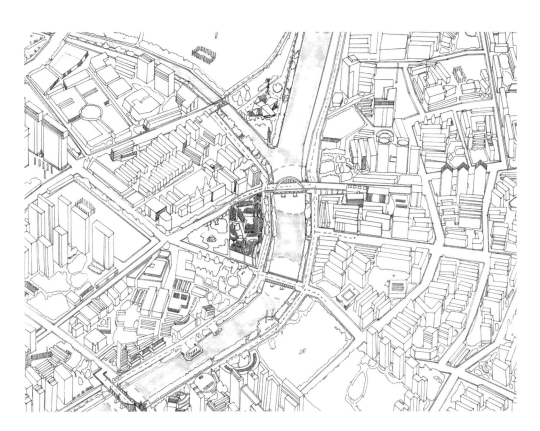

▋ 北安桥

全桥三跨，跨径为 93 m，桥跨为 24.8 m，桥宽
24.6 m，其中机动车道 18 m，每侧各 3 m。
桥头雕塑采用西洋古典表现形式，又吸取中国传
统，是古典与时尚的完美结合。

教师点评

该同学的作业是对天津海河的空间认知研究。海河流
经天津城市中心，是天津的母亲河，对城市有着重要
意义。海河这个调研的主题空间尺度比较大，该同学
首先从整体上总结了沿河地块的分区、功能布局、交
通等方面的情况，随后选择以海河上的桥作为切入点
进行研究，从桥的风格、年代、桥面的交通通行情况
等进行了分析，主题鲜明，重点突出。

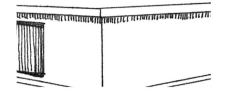

▌金汤桥

位于建国道西端与水阁大街之间的海河上，桥名取"固若金汤"之意，是天津市现存最早建造的大型铁桥之一。

（金汤桥原为浮梁舟桥，由13条木船连缀而成，桥面铺设活动面板。）

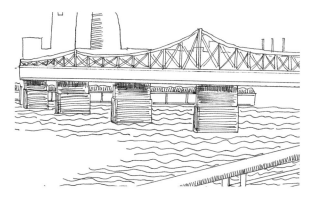

▌狮子林桥

狮子林桥是中国公路桥梁建设史上最早采用预应力混凝土悬臂技术的一座桥梁。

桥梁景观设计采用了现代化设计理念，本着打造世界名河、构建一桥一景的原则，在充分考虑海河与周围景观建设相协调的基础上保留了桥头原来的四座石狮子，同时在桥梁的桥栏、桥身、桥墩等不同部分新塑大小石狮子几百个，灯光下其夜晚效果尤为壮观。

天津古文化街
巩海婷 2014 级

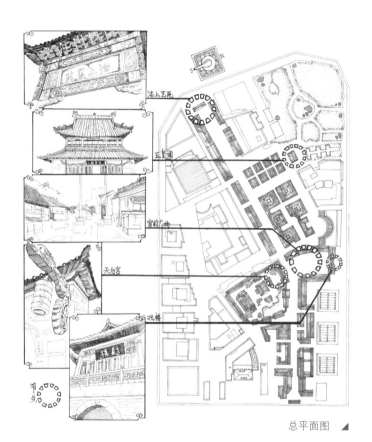

天津古文化街，中国 5A 级旅游步行街。津门
十景之一。位于天津市南开区东北隅东门外。
建筑总面积：2.2 万 m^2。
长度：687 m。

总平面图 ▲

图底关系分析图 ▲

历史分析图 ▲　　业态分析图 ▲　　人流分析图 ▲　　交通分析图 ▲

津门故里——"津门"为天津的别称,"故里"为老地方的意思,"津门故里"指天津的老地方,有天津的发祥地之意。

建筑风格——仿清代民间建筑风格,街内的近百家店铺均为清式建筑,门窗上多饰有彩绘图案,内容以历史、神话、人物、花鸟为主,形式有透雕、浮雕、圆雕等。

教师点评

该同学的作业结合天津古文化街进行研究。作业分析了街区的区位关系、街道构成关系、图底关系等,并在功能层面上进行切片分析,从历史、业态、交通等角度进行了描述。最后作业重点针对具有强烈中国传统风貌的建筑和街区特征进行了深入的分析和描绘,表现了街道布局关系、建筑风貌、细节特点等,清晰地表达了古文化街的特色。

知味城市·滨江道与柳巷
吕薇 2014 级

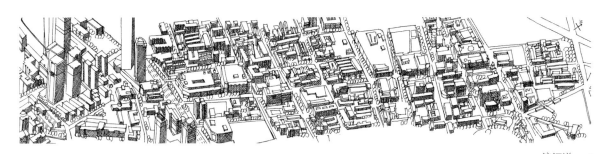

滨江道 ▲

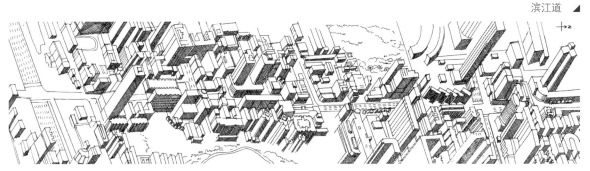

柳巷 ▲

街道密度 ▲

滨江道是天津市最繁华的商业街之一。它自海河边的张自忠路起，向西南方向延伸到南京路，全长 2094 m。

柳巷是中国内地十大商业街之一，位于太原市中心闹市区，有三百多年的商业历史，拥有中国四大夜市之一，全长 1411 m。

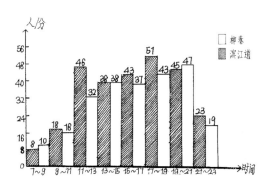

人流量分析图 ▲

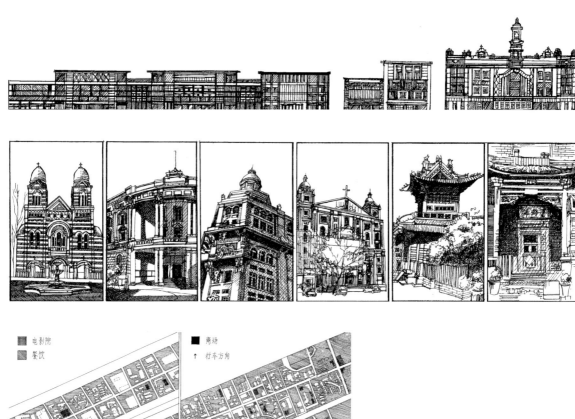

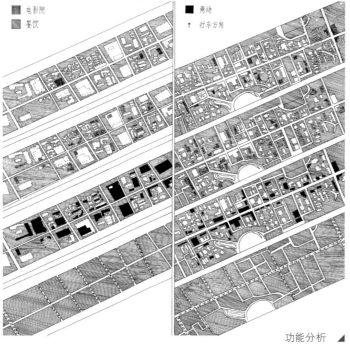

电影院

餐饮

商场

↑ 行车方向

功能分析 ◢

教师点评

该同学选择天津滨江道商业步行街为对象进行城市认知的调研，并将之与太原的柳巷商业街进行对比研究，重点考察了二者在图底关系，街道空间布局、功能、人流量分布等方面的异同。对比的方式可以帮助学生发现在熟悉的城市街区与陌生的城市街区之间的联系，二者的异同帮助学生更深入地了解街区的特质。

五大道城市尺度认知
王欢 2014 级

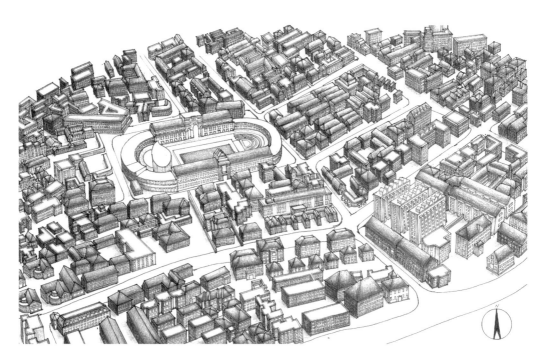

五大道是指天津和平区以南，马场道以北，西康路以东，马场道与南京路以西的一片近似长方形的地区，共有 22 条道路，总长度为 17 公里，总面积 1.28 平方公里。五大道因贯穿东西的马场道、睦南道、大理道、常德道、重庆道 5 条主要道路而得名。

五大道至今完整保存有 20 世纪初设计建造的各式欧洲建筑风格的小洋楼近 2000 幢，汇聚着英、法、意、德、西班牙等国各式风格的有代表性的建筑 230 幢，各种风格的建筑汇集于此，堪称"万国建筑博览会"。

五大道的风貌建筑在建筑形式上丰富多彩，有文艺复兴式、希腊式、哥特式、浪漫主义、折中主义以及中西合璧式等，构成了一种凝固的艺术。

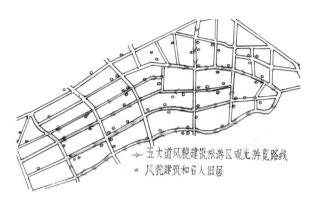

五大道风貌建筑旅游区示意分析图 ▲

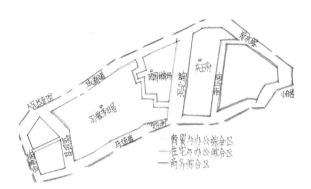

五大道地区功能示意分析图 ▲

五大道地区图底分析图 ▲

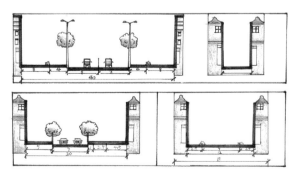

五大道地区典型道路断面 ▲

教师点评

该同学选择五大道作为研究对象。五大道是天津保护最完整的历史街区之一，具有非常鲜明的风貌特色。作业从街区发展历史入手，展现了建设的阶段和年代。学生在调查了该地区的街道和建筑尺度的基础上选择民园体育场周边地区进行了空间关系的描绘，同时又从街道的高宽比、街区的图底关系等角度进行了研究与分析。对于五大道的风貌特色，则运用建筑素描的方法选择有代表性的建筑进行展现，充分体现了该地区的建筑风格特点。

五大道

张婉琪 2014 级

▌局部鸟瞰图

五大道地区，作为天津租界居住建筑和环境文化的典型代表而别具特色。位于天津中心城区的南部，东、西向并列着以中国西南名城重庆、大理、常德、睦南以及马场为名的五条街道。天津人把它称作"五大道"。五大道地区拥有 20 世纪二、三十年代建成的具有不同国家建筑风格的花园式房屋 2000 多所，建筑面积达到 100 多万 m^2，被称为"万国建筑博览苑"。

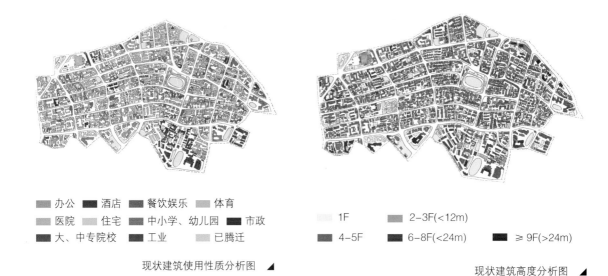

■ 办公 ■ 酒店 ■ 餐饮娱乐 ■ 体育
■ 医院 ■ 住宅 ■ 中小学、幼儿园 ■ 市政
■ 大、中专院校 ■ 工业 ■ 已腾迁

现状建筑使用性质分析图 ▲

□ 1F ■ 2-3F(<12m)
■ 4-5F ■ 6-8F(<24m) ■ ≥9F(>24m)

现状建筑高度分析图 ▲

■ 门院式布局 ■ 里弄式布局
■ 院落式布局 ■ 其他类型

睦南道沿街建筑布局类型分布分析图 ▲

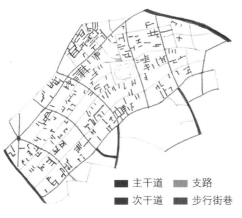

■ 主干道 ■ 支路
■ 次干道 ■ 步行街巷

现状街道等级结构分析图 ▲

教师点评

该同学选择五大道地区进行城市认知的调研。作业首先从宏观角度对街区进行了深入分析，在建筑性质、建筑年代、建筑高度等方面进行了详细的调研和分类统计，彩色的分析图有助于传达分析的内容，一目了然；此外作业在街区的图底关系、街道的等级结构等方面也进行了研究。在微观层面上，作业选择了睦南道作为典型案例进行了分析，从风貌特色、街道景观、人口密度等角度进行了详细的阐述，形成了宏观与微观并重的城市认知研究作业。

城市 · 印象
李韵仪 2016 级

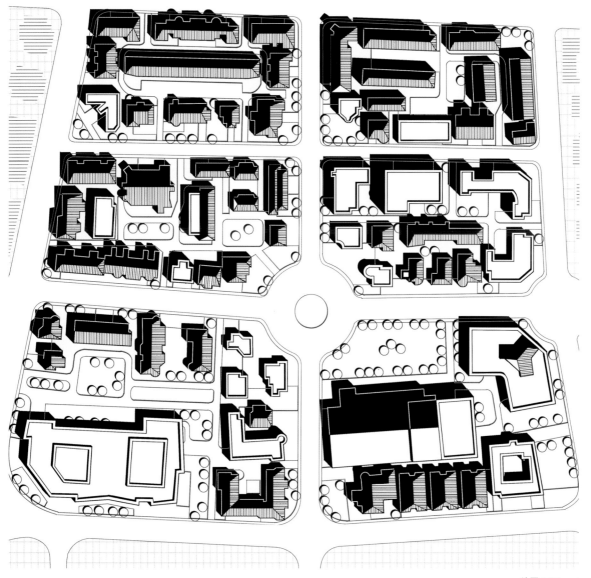

总平面图 ◢

天津海河意式风情区，占地 28.45 公顷，总建筑面积约 40 万 m²。街区始建于 1902 年，最初由意大利建筑师规划设计，是目前意大利本土之外、亚洲唯一保存良好的意大利风貌建筑群落。2002 年底，天津市政府开始对意式风情区建筑进行保护性开发；并与意大利技术人员合作整修历史建筑；引入具有异国情调的餐饮娱乐等商户，打造出意大利风情浓郁的经典街区。

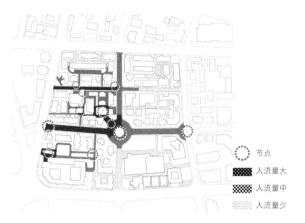

节点
人流量大
人流量中
人流量少

节点及人流量分析图 ▲

树木
草坪与
灌木

绿地分析图 ▲

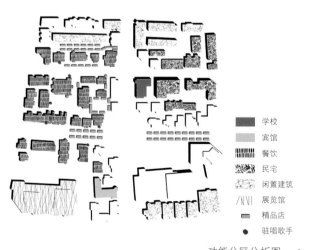

学校
宾馆
餐饮
民宅
闲置建筑
展览馆
精品店
驻唱歌手

功能分区分析图 ▲

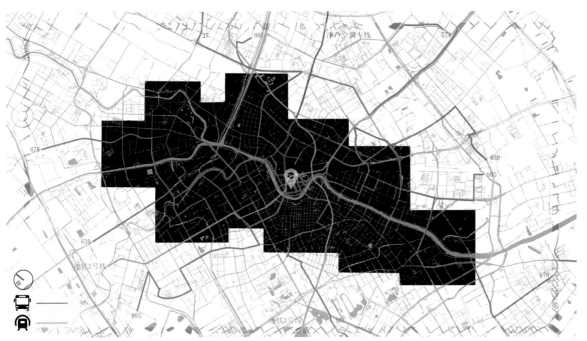

区位及公共交通网分析图 ◢

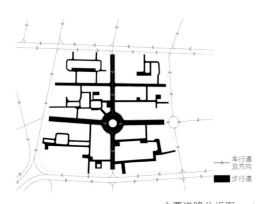

主要道路分析图 ◢

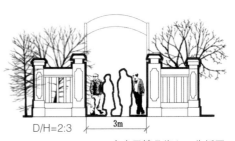

安吉里精品街入口分析图 ◢

作为入口，连通马可·波罗广场与街道商铺，两侧无商铺，较少游客在此停留。

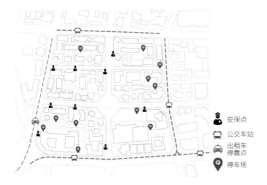

出行方式及安保点分析图 ◢

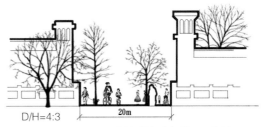

民主道主步行道入口分析图 ◢

中间为车行道，两侧为步行道，但并无明确划分，道路宽敞，视野开阔，两侧有精品商铺，引得游客放慢脚步细细品味。

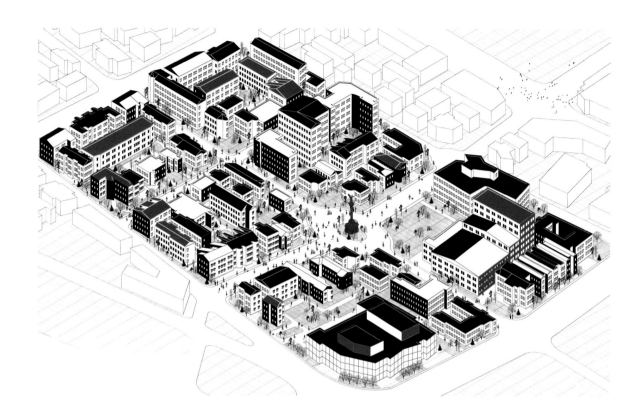

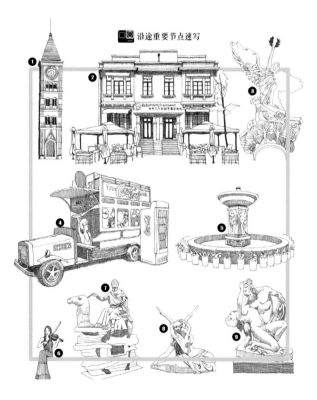

沿途重要节点速写

教师点评

该同学选择意风区作为城市认知的研究对象。意风区位于天津市曾经的意大利租界区，具有鲜明的欧洲城市规划布局特点，建筑风貌特色鲜明，经修复更新后成为天津市著名的特色街区。该同学的作业首先从宏观层面着重阐述了街区的历史与现状，分析了区位关系、道路层级、功能分布、绿化布局等；在空间角度描绘了街区的整体空间布局、街道的入口与尺度。作业还选择了街区的重要空间节点以及街道立面进行了描绘，充分传达了该地区的空间特色与建筑风格特点。

Italian Style Town
陈彦卓 2016 级

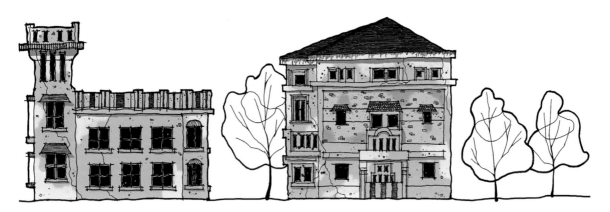

立面图 1 ◢

立面图 2 ◢

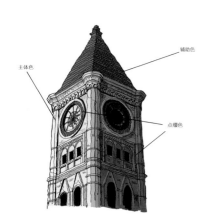

辅助色

主体色

点缀色

R: 253 G:240 B:205

R: 254 G:089 B:019

R:254 G:170 B:084

R:099 G:125 B:159

钟楼作为意风区典型的节点。主体运用干净米黄色石墙，而屋顶用颜色更厚重的橘红色，予人以活泼跃动的印象，青灰的钟楼装饰以及橙色的砖墙点缀，暖色系与冷色系的小冲突衬托了视觉上的重点。

R:228 G:191 B:116

R:121 G:090 B:058

R:209 G:136 B:101

R:053 G:079 B:116

R:253 G:089 B:035

在规划展览馆的围合空间中，有着建筑风格和着色上的明显反差。相比于规划展览馆冷灰色墙面给人的现代质感，此处熟赭屋顶、芥末黄的抹灰墙面、桃红色砖墙的拼接共衬让小巧的建筑充满沉稳的气息。

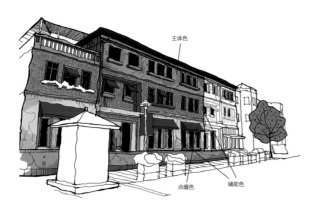

R:219 G:150 B:072

R:220 G:143 B:123

R:210 G:210 B:210

R:186 G:016 B:016

这里建筑上半部分暖色，下半部分则使用冷灰。窗檐大胆运用酒红色点缀，鲜艳之余不忘古朴。

R:242 G:227 B:198   R:039 G:083 B:074

R:152 G:065 B:055   R:255 G:246 B:228   R:049 G:067 B:093

与上例相当，对比度强而饱和度低的配色系统在此处相形而适，但颜色的布局在这里很讲究。中间的胡桃红坐占人眼的视觉中心线，自然给人稳重大方的印象。

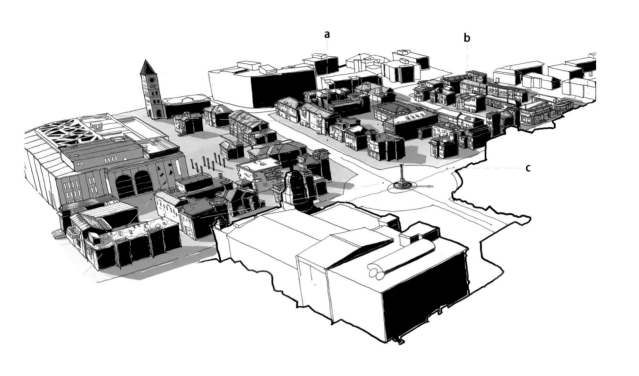

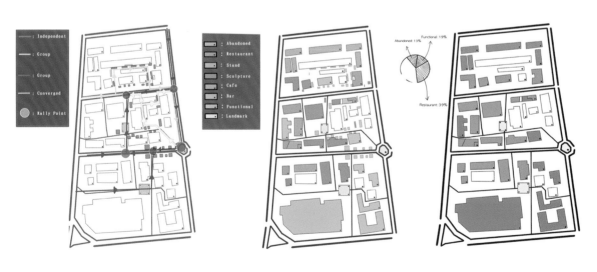

人流分析图 ◢   功能分析图 ◢   餐饮业分析图 ◢

(a)

(b)

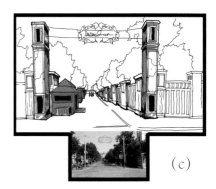

(c)

意大利风情区位于天津市河北区，是一处具有百余年历史的意大利风格建筑群。其内含有多处广场、花园、多种功能性建筑和观赏性节点。在百余年的历史中，已有多位名人泰斗在此居住，可谓是文韵丰厚，翩翩尔雅。

教师点评

该同学选择意风区作为城市研究的对象。在街区整体角度上，从交通、功能、建筑高度等方面进行了调查，以分析图方式进行表达。在空间关系上，以鸟瞰图的方式描绘了街区的空间关系，并结合以局部的节点空间分析和表达。在风貌特色方面，从建筑色彩、材质、肌理、夜景灯光等方面进行了研究和分析，描绘了街道立面，充分传达了街区的风貌特色。

意风区

毕心怡 2016 级

	R	G	B
主体色	147	83	71
辅助色	166	146	122
点缀色	198	178	169

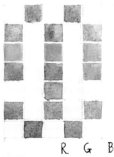

	R	G	B
主体色	209	198	182
辅助色	178	164	161
点缀色	27	37	38

教师点评

该作业以天津意大利风情区作为研究对象，采取从整体到局部、由感性到理性的认知方法，对该区域的建筑环境色彩进行细致的分析。首先，作者选取了意风区内具有代表性的九栋建筑，对其屋顶、墙面以及建筑装饰展开了分析，并以数据的形式对其色彩的色相、明度和纯度进行了标注。其次，作者又以整条街道作为研究对象，对该街道中不同风格、色彩的建筑从色彩构成的角度做了分解，并以色彩空间混合的方式对其整体色彩倾向进行了标识。

新意街·色彩分析
李馥含 2016 级

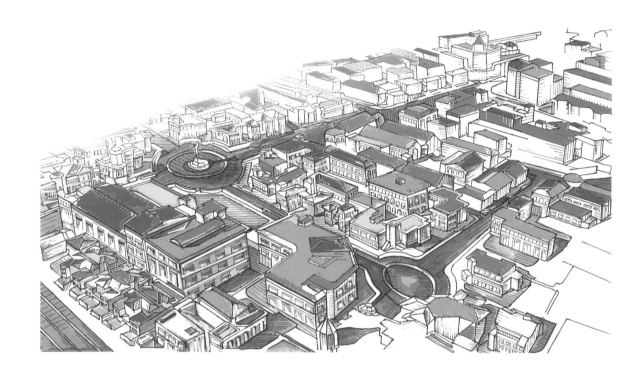

意风区为原意大利租界改造，色彩以暗红色、浅粉色、米色等暖色调为主，传递出温暖和煦的情感效果，但由于近年来商业化的发展，其色彩逐渐变得杂乱无序，一定程度上破坏了原有的意式风格，建议有关部门加以整改，以便保留历史色彩，也更有利于意式风格的色彩情感的表达与传递。

■ 主体色 R157 G144 B123　　■ 点缀色 R105 G74 B56

■ 辅助色 R64 G70 B91　　■ 环境色 R108 G138 B198

教师点评

该作业以天津意大利风情区为研究对象，在城市色彩的认知方式上作者采用了色彩构成和色彩分解的手法，对意风区的环境色彩进行了深入细致的剖析。在城市色彩的具体研究方法上，作者首先从建筑色彩的组成，即主体色、辅助色、点缀色以及环境色来研究构成建筑色彩的诸多要素，并以数据的形式对这些色彩的色相、明度与饱和度进行了标注。其次，作者又从建筑色彩的面积对比上进一步分析不同建筑的色彩倾向，这种方法对于日后深入研究建筑色彩或城市色彩配比具有重要意义。

新·意风情区

任叔龙 2016 级

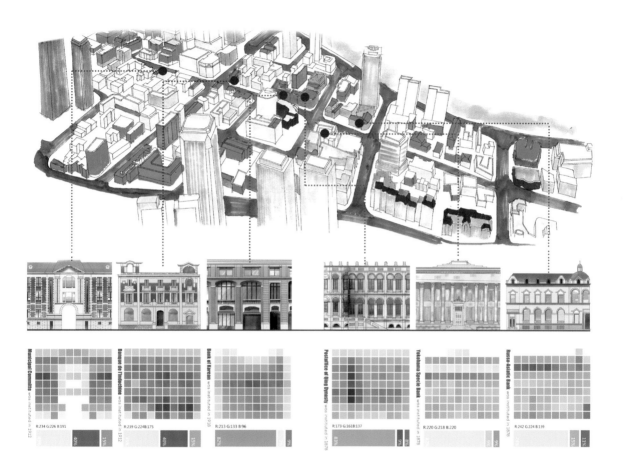

Municipal Committee was instituted in 1912
R:234 G:226 B:191
40% 15%

Banque de l'Indochine was instituted in 1912
R:239 G:224B:175
40% 15%

Bank of Korean was instituted in 1918
R:213 G:133 B:96
82% 9%

Postoffice of Qing Dynasty was instituted in 1878
R:173 G:161B:137
8%

Yokohama Specie Bank was instituted in 1878
R:220 G:218 B:220
9% 9%

Russo-Asiatic Bank was instituted in 1878
R:242 G:224 B:139
55% 11%

解放北路汇集了英、法、德、意、日、俄各个国家，哥特式、罗马式、文艺复兴式、折中主义等各种风格的建筑。沿街的老建筑或用清水红砖，或用大理石配合灰色水泥作为立面，另外有少许金色材质作为立面或点缀，使整条街道呈现庄重又不失华美的视觉体验。深灰色青砖铺设地面，道路两旁除行道树外多花坛，沿街窗台上多绿色藤蔓类植物，富有层次感的绿色为这个略显肃穆的街区增添了一份生机。

大清邮局砖饰局部。该外立面采用清一色的中国青砖砌筑并配有精美砖雕和拱形门窗，立柱采用罗马券设计，窗间墙采用精细的青砖雕饰，以中国传统的砖雕技术雕刻西洋的古典花饰，如茂莨草叶、甘菊花、珠饰等。

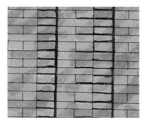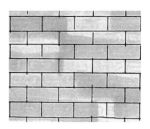

教师点评

该作业以天津解放北路为调研对象。解放北路在色彩意象上与意风区以暖色为主的环境色调截然不同。该街区的建筑是以法国古典主义风格为主，色彩偏重于灰色。建筑形式与色彩的单一性为城市色彩意象的研究带来了诸多不便。为避免画面单调，作者在对该街区色彩的研究过程中，并没有选择以灰色调的建筑为主，而是选取了几栋色彩较为艳丽的建筑与灰色调建筑对比研究，这就使图面效果充满了活力和张力。另外，在建筑色彩的标注上，作者采用了空间混合的方式，注重对建筑色彩的整体性和感觉性研究，而非单纯的增加数据堆砌。

城市色彩

孙布尔　2016级

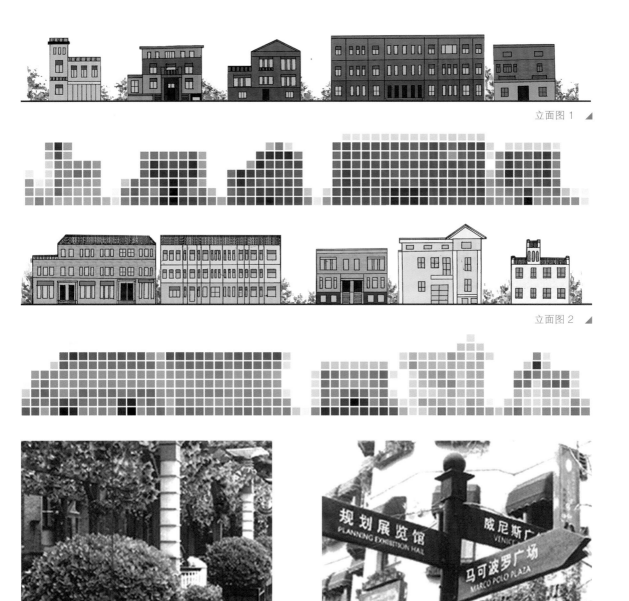

立面图1

立面图2

主体色　C84 M50 Y84 K14

辅助色　C55 M87 Y65 K10

主体色　C33 M48 Y36 K0

辅助色　C83 M76 Y67 K45

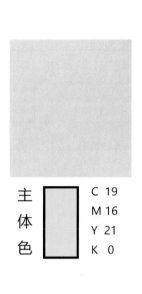

主体色　C 19　M 16　Y 21　K 0

主体色　C 22　M 39　Y 47　K 0

主体色　C 72　M 65　Y 69　K 25

主体色　C 54　M 40　Y 38　K 0

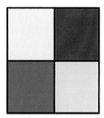

	主体色	辅助色	点缀色	环境色
C	5	74	35	33
M	11	58	81	9
Y	35	99	84	1
K	0	24	0	0

	主体色	辅助色	点缀色	环境色
C	64	67	85	13
M	60	76	55	9
Y	58	73	53	7
K	6	39	24	0

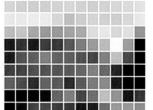

	主体色	辅助色	点缀色	环境色
C	49	24	55	33
M	47	19	85	14
Y	55	24	63	7
K	0	0	16	0

教师点评

该作业以天津意大利风情街作为研究对象，在城市色彩的调研过程中作者采取了层层递进的方式对该区域的色彩展开深入研究。首先作者从整体的视野出发对意风街的街道立面色彩进行感知。其次，在整体性感知的基础上，又对该区域具有代表性的建筑展开色彩意象研究。最后，作者对构成城市色彩的重要元素，包括环境设施、道路绿化以及建筑材质进行了调研，并以四色标注法对环境色彩的构成进行了详细的注解。

城市色彩

姚瑶　2016 级

立面图 1 ▲

立面图 2 ▲

主体色	L:88
辅助色	L:56
点缀色	L:55

明度分析 高中调

主体色	80%	R:251 G:229 B:181
辅助色	12%	R:182 G:139 B:121
点缀色	3%	R:205 G:126 B:114
环境色	10%	R:143 G:165 B:200
环境色	5%	R:105 G:112 B:62

对比主色为高明度的，三至五度的差的对比，有明快的、响亮的、活泼的感觉。

建筑水彩

表面材质

R:236 G:210 B:161
L:86 a:4 b:28
色相：39 度 饱和度：32%
亮度：93%

R:147 G:163 B:152
L:65 a:-7 b:4
色相：139 度 饱和度：10%
亮度：64%

教师点评

该作业选取天津意大利风情区作为城市色彩的调研对象。在研究方式上作者采取了由感性到理性、由整体至细部的探索方法。在对建筑色彩的感知上，作者没有仅仅采取照片比对的方式来标注色彩的构成参数。而是在此基础上以客观物象为参照，再以水彩的形式将其再现出来，这对于进一步加深对城市色彩的理解具有重要意义。不仅如此，作者还从细谨的视角对建筑细部，包括门窗、纹饰的造型和建筑材质的色彩展开进一步研究。这种方式、方法对于从整体上理解建筑色彩和城市色彩大有裨益。

03 建筑解读
Architecture Illustrated

课程设计任务书

选取现代建筑的代表建筑师作品，对经典小型建筑作品，在场地、功能、空间、流线、材料等方面展开分析，通过找寻他们的建筑思想和作品的发展轨迹，试图建立一个我们对建筑空间的基本判断。

▌教学目的

1. 了解和把握建筑大师的建筑作品及其特点、设计语言，建立对空间的基本判断。
2. 解读建筑师作品的平面图、剖面图、立面图等，感受和体验建筑空间的架构和塑造。
3. 掌握运用图解语言方法来研究建筑，如空间生成、形式均衡、行为流线、材料运用等方面，认识如何使建筑艺术具体化的设计手法。
4. 掌握制作建筑模型的基本方法。

▌教学内容

1. 确定分析对象、搜集资料，明确某位建筑大师，研究他的五个代表作品。
2. 解读建筑作品的平面图、剖面图、立面图等，并制作模型。
3. 分析及研究：对建筑各个元素和布局进行深入认真研究，关注其内在规律，而不是它的表象，分析它的起因、形体、空间和建筑思想等，试图客观地看待现代主义建筑的发展，并逐步形成我们对建筑的正确认识。研究与考量建筑的角度包括：建筑师的背景、建筑概况、建筑与场所、建筑空间形式、建筑平面分析与功能组织、建筑形体特征、建筑交通流线组织等。
4. 运用图示语言的方式分离出我们感兴趣的地方，加以分步展开比较研究，最终达到真正理解并正确判断它们的目的。

▌进度安排

第一周：布置任务书，选择建筑师与建筑作品。
第二周：讲解建筑作品与绘图要求。
第三周：分析制作体量模型。
第四周：制作精细模型与场地环境。
第五周：制作精细模型并摄影。
第六周：绘制建筑作品的图纸。

▌成果要求

1. 两人一组，制作一位建筑师的几个代表作品的体量模型或分析模型，比例不限，材料自选；完成一个建筑作品的精细模型，比例为 1:100，材料自选。
2. 每人单独绘制至少两张 A1 图纸（841 mm×594 mm），图纸内容至少包括建筑作品的总平面图(1:500)、平面图、立面图、剖面图（至少各两张，比例为 1:100、1:150 或 1:200）、透视图、分析图，全部图纸采用墨线与水彩（彩铅）的手绘表达。

▌参考书目

[1] 彭一刚.建筑空间组合论 [M].北京：中国建筑工业出版社，2008.
[2] 罗杰·克拉克，迈克尔·波斯.世界建筑大师名作图析 [M].卢健松，包志禹，译.中国建筑工业出版，2016.
[3] 顾大庆，柏庭卫.空间、建构与设计 [M].北京：中国建筑工业出版社，2011.
[4] 贾倍思.型和现代主义 [M].北京：中国建筑工业出版社，2015.
[5] 程大金.建筑：形式、空间和秩序 [M].邹德侬，刘丛红，译.天津：天津大学出版社，2008.
[6] 各类建筑师作品专辑

教学相关论文

"思维建构"视角下的建筑设计基础教学

——李伟

摘要： 论文以多年来的教学改革实践为依托，基于现代建筑基础教育要适应时代要求为准则，提出建筑基础教育应实现从"知识累加"到"思维建构"的方法转变，并积极寻求思维转化途径和提升综合思维能力的培养模式。在此基础上，提出在建筑基础教育中全面培养学生捕捉问题的敏锐力、分析问题的洞察力和解决问题的创造力，并实现以培养感知力、观察力、分析力、理解力、想象力和表达力等六大思维能力为主的"思维建构"论。

关键词： 现代建筑基础教育；思维建构

近年来，许多教育学者习惯于把普遍意义上的建筑学教育分为两种：一种是职业型建筑教育，即 Professional Education；一种是学术型建筑教育，即 Academic Education。前者强调的是建筑"专业知识技能的培育"，后者强调的则是建筑"专业思维素养的培育"。在天津大学举办的中国当代建筑论坛中的"建筑教育与未来"分论坛上，南京大学丁沃沃教授就这两者的关系，发表了自己的观点，"我们培养的学生应该更加强调的是专业思维素养的培育，在学校中学生可能接触的只是一个建筑设计题目，但他要学会的是通过这个设计训练，来掌握相关的设计思维方式和方法，那么在以后的工作中他就可以举一反三，触类旁通，而不是学了做什么，只会做什么。"北建工刘临安教授还举了一个生动的例子来说明这种教学理念："大家可以想想，比尔·盖茨和乔治·布鲁斯在他们上学的时候可能并没有学过任何有关计算机方面的知识，因为那时电脑技术和互联网技术还未出现，那么为什么他们可以成为 IT 行业的领军人物呢，靠的就是超人的思维方式和发现问题、认识问题的卓越方法和策略。"由此可见，一个人对待问题和解决问题的思维方式和方法的建构，对于这个人专业素养的提高是至关重要的。

▌ 思维建构论下教学视角和目标的确定

建筑基础课程的教学中教学内容和目标的架构，应该由两个方面构成。

第一方面，掌握建筑设计表达的方法和方式，其中包括：了解建筑的基本设计规范、掌握建筑制图的相关规范、学会建筑设计的常规表达技巧等，即"建筑职业技能基础知识"。

第二方面，体会建筑创作的理念和方法，并尝试和探索表达设计理念的多种设计手法和方式，即在发现问题的基础上，探索解决问题的多种途径，即"建筑设计专业思维素养"。

针对第一个方面，改革前的教学方法就可以达到相应的教学目标。以前教学内容设置上的字体、线条、建筑图抄绘等训练就是以此教学目标而设定。这种教学体系可以帮助初接触专业学习的学生建立起相对完整的建筑基础知识框架，为高年级的课程做知识储备。我们称之为"建筑设计基础知识的累加阶段"，即，相应的教学过程形成了学生学习"建筑知识的累加期"。而我们认为，第二个方面——"建筑设计专业思维素养"是不能仅仅通过原有的教学方式而获得的，它

强调学生主体的内在思维能动性，即我们所说的学习阶段有关建筑设计方法上的"思维建构"训练过程，这也是我们强调的"思维能力的累加期"。在教学过程中，我们发现，传统的建立知识框架的教授方法，只是在单向地进行"知识累加"的教学，对于学生掌握专业的思维技能方面，其作用并不明显。也可以说，我们以往的建筑基础教育过多重视学生的"基础知识累加"，而忽略了学生在专业思维建构方面的"思维能力累加"。笔者认为，一名学生从低年级到高年级的整个专业学习过程中，如果我们把每一个阶段学生获取的所有专业技能看为一个定量的话，那么"建筑知识"和"思维方式"的学习应该成为一个互补的关系，而且在"建筑知识"方面的学习从低年级到高年级应该呈现的是一个逐步递增的趋势，而在"思维方式"的学习应该是一个逐步递减的趋势（如表1）。

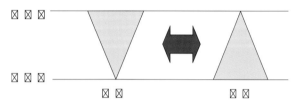

表 1 建筑设计教学中"知识"与"方法"的互补关系

对于刚刚经过传统应试教育走进大学的学生来说，建筑学专业的基础教育不应仅仅停留在对建筑的一些基本知识和表达技巧上的掌握，它的教学目的应致力于使学生具有正确的建筑设计思维方式和设计方法；应该使学生在学习建筑设计的初始阶段，培养起他们对于所学专业的多向度思维，充分调动主体思维的能动性。

因此，基于"思维建构"这个中心，笔者将设计思维素养的培养目标分解为三个层面，即：捕捉问题的敏锐力；分析问题的洞察力；解决问题的创造力，并把其分解成六大思维能力的建构，即：感知力、观察力、分析力、理解力、想象力和表达力。在此基础上，积极寻求教学内容的转化途径并提升学生综合专业思维能力的教学方式。

▌ 思维建构论下教学思路和方法的探索

天津大学 1999 年起实行教学改革后，将建筑设计基础课程的主要教学目标设定为，在给学生教授建筑基础知识技能的同时，更多地关注学生建筑创作方法的思维建构，并通过一系列的课程训练，使学生在学习知识框架上形成"建筑知识累加"与"思维方式累加"的相互补充。在课程中逐步实现从"知识累加"到"思维建构"的教学内容的转变。

在遵循教学改革目标的基础上，主要从三个方面对课程的具体教学思路和方法做了相应的探讨和实践。

拓延"基本功"概念 —— 强调"思维设计技能"基本功的培养

基本功的练习和训练是各个专业所要必备的专业技能。对于传统"基本功"的定义是：使学生通过大量的相关练习，达到技能的纯熟性，因而在其进行更深层次专业行为的时候不会形成妨碍。例如，一个建筑师应该使自己的基本技能达到纯熟的程度，如绘图、勾草图等，而不会妨碍日后表达建筑设计理念的进程。在我国现阶段的具体条件下，基本功训练不可偏废，问题的关键在于我们应如何顺应时代要求，给予"基本功"重新的定位，拓延建筑基础教学"基本功"的概念。对于其他专业而言，基础阶段的教育往往是灌输式的教学方式，学生掌握一些应知应会的基础知识，为将来的研究工作和实际操作做准备。而在建筑学中，我们知道技能和各专业基本知识是可以计量和可以教授的部分，我们可以称为"硬"基本功的学习，但建筑设计基础阶段却不同，它包括大量不可计量部分的学习，这包括工作方法、创造能力、感知能力、理解能力等，可以称为"软"基本功的学习，这种重视思维建构的培养方式对于刚刚经过传统应试教育走进大学的学生来说更为重要。这些恰恰是我们以前忽视的部分。这"硬"与"软"、"虚"与"实"两者恰如其分地结合，才是一个完整的、真正意义上的建筑学。

因此，建筑学的基本功训练应把以"图面训练"和"知识累加"为主的传统"硬"基本功拓展为以注重创作主体"思维建构"为主的"软"基本功训练，即"感知空间的能力、驾驭空间的能力、创造空间的能力、动手实践的能力、丰富的建筑语言表达能力"等。

"思维建构"设计方法的全面引导 —— 从空间感知到空间认知

在全球化的今天，对于初入大学，刚开始接受专业教育的学生们，我们究竟应该选择怎样一条道路呢？基于"思维建构"这个中心，我们把前文提到的设计能力培养的三个层面 "捕捉问题的敏锐力、分析问题的洞察力、解决问题的创造力"，结合六大思维能力的建构"感知力、观察力、分析力、理解力、想象力和表达力"，全面贯穿于"空间生成"的系列训练。

空间系列设计作为建筑基础训练课程的重点内容，通过一系列由简单到复杂，由概念性空间到实用性空间循序渐进的创造过程，将纯粹的空间设计纳入建筑专业训练体系，遵循从概念到形式、从三维空间到二维平面，从模型设计到图纸设计的认知过程，培养学生空间的想象能力和复杂空间的营造能力，借助

实体建构使学生逐步建立起对抽象空间的认知能力和空间尺度的控制与设计能力。根据建筑基础教学的特点，通过空间感知到认知的研究和实践，探索学生如何最大限度地开发和建立全面的设计思维体系。

设计媒介的更新——注重"实体空间建构"训练

"实体空间建构"不仅仅训练对三维空间的感知过程，更是开发创造思维、培养设计表达和感知能力的基本手段。在国外利用易操作的材料完成创造思维，已被纳入重要的职业训练过程，成为建筑基础教学理论的一大支柱。我们的实施措施：

1. 加大实体建构的力度。新入学的学生虽然不一定都画过图，但大部分都作过模型，虽然大都不是建筑模型，但在做模型的过程中，对空间的体会与创造实际上是大致相同的，因此，从实体建构入手，容易激发学生的兴趣与创造热情。

2. 学生参与实际建造并自行完成从设计到施工的全过程。设计阶段，除建筑设计外，还包括一定量的结构设计计算及实验、概预算等。在施工阶段，学生也可参与除建造本身以外的工期的计划、材料与工具的选购、某些部件的外加工安排、某些工序所需的额外人工组织等工作。

3. 建立（模型）车间。进行房屋局部（如墙体片段）及模型的大比例模型的制作。

4. 现场参观调研和体验建筑，使学生在建筑现场的材料、建造、使用的规律与逻辑的实际感受和体验中，发现并归纳建筑的思维方式和形式语言，增加对建筑的感性认识。在这里，建筑师要成为能动手的思想家。

▌小结

随着时代的发展，人们越来越深刻地认识到，观念、原则、方法的教育是建筑基础教育的核心，在建筑基础教育中建立起全面的"思维建构"观是非常必要的。因此，作为建筑的入门教育应针对我国的教育现状，在学生开始专业学习时，帮助他们突破习惯的思维定势，建立起全面的专业学习思维，全面培养起学生捕捉问题的敏锐力、分析问题的洞察力和解决问题的创造力，并实现感知力、观察力、分析力、理解力、想象力、表达力等六大能力的全方位思维建构新理念。

▌参考文献

[1] 周榕，栗德祥. 建筑教育中有关创造性问题若干误区探讨 [J]. 建筑学报,1997,5.

[2] 张永和. 对建筑教育三个问题的思考 [J]. 时代建筑，2001 增刊.

[3] 顾大庆. 空间、建构和设计——建构作为一种设计的工作方法 [J]. 建筑师,119.

[4] 胡恒. 观念的意义——里伯斯金在匡溪的几个教学案例 [J]. 建筑师,118: 65.

[5] 滕夙宏. 空间初体验——天津大学建筑初步课程中的建造教学实践 [J]. 新建筑,2011,04:36–39.

优秀作业与点评

流水别墅
杨俊宸 2013 级

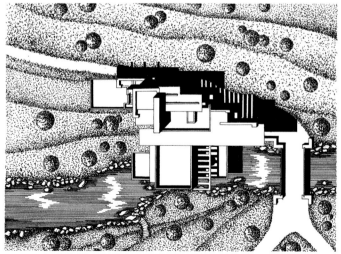

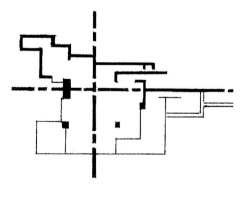

总平面图 ◣　　　建筑与环境在不同层次上的对称和均衡 ◣

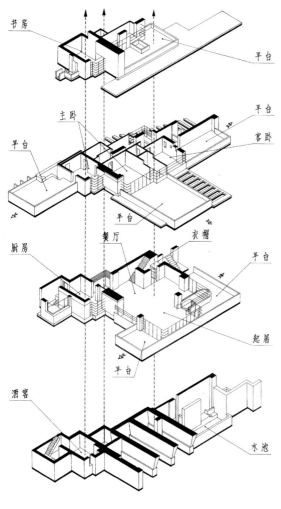

书房

平台

主卧

客卧

平台

平台

平台

厨房

餐厅

衣帽

平台

起居

平台

酒窖

水池

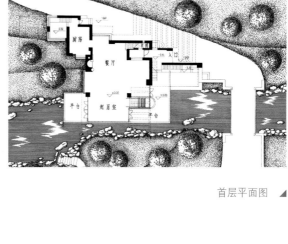

厨房

餐厅

入口

起居室

平台

平台

首层平面图 ◢

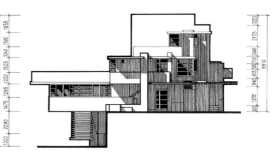

立面图 1 ◢

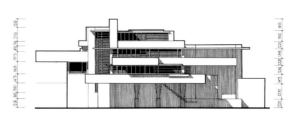

立面图 2 ◢

书房

平台

三层平面图 ◢

教师点评

该同学选取了赖特的经典建筑作品考夫曼住宅（流水别墅）。虽然作品分析不多，但作业要求的平、立、剖面图中墨线绘制非常详细；尤其是最重要的人视点透视浓墨重彩，展现了扎实的手绘功底，成为后几届学生的范图。近几年的建筑解读已偏向模型制作与空间分析，不过手绘表达依然是建筑师的基本功。

住吉的长屋
吴绍平　2014 级

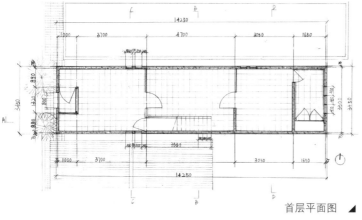

首层平面图 ▲

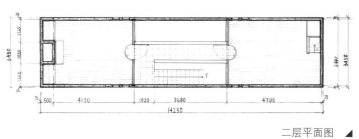

二层平面图 ▲

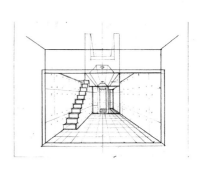

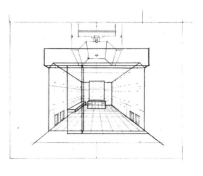

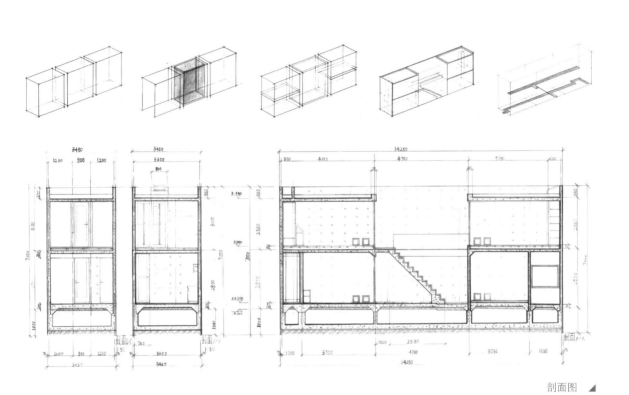

剖面图　◀

教师点评

该学生制作了日本建筑师安藤忠雄的五个小型建筑体量模型：风之教堂、水之教堂、光之教堂、小筱邸住宅，并根据形体动作逻辑分析了建筑生成过程。风之教堂是等宽线性要素的错动，水之教堂是方形体量的咬合。重点选取了住吉长屋进行作品解读与空间分析，体会在狭窄场地下塑造空间。铅笔尺规作图规范简洁，提前学习建筑构造，在剖面图绘制与模型制作中表达出住吉长屋的构造做法。

竹屋

古子豪 邓德锺 2014 级

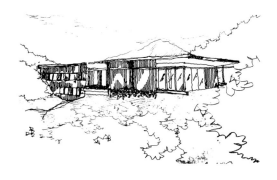

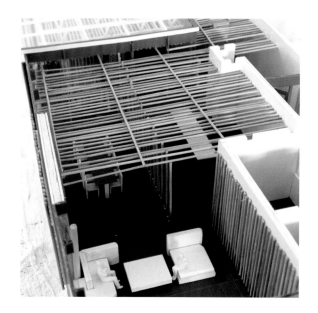

教师点评

两位学生调研了隈研吾在中国北京的建筑设计作品"竹屋"作为作品解读与空间分析的对象。图纸、模型、现场调研三者结合，是建筑设计基础非常重要的学习方式。他们做简化立体模型分析了四个隈研吾作品，包括安藤广重博物馆、木佛博物馆、笔画纪念美术馆、木桥博物馆。竹屋模型体量很大，制作精细。平面图中不用单独表达立面材料。

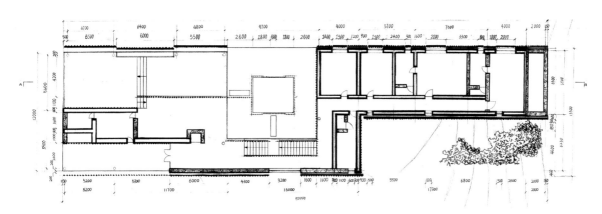

首层平面图　◢

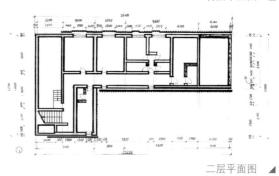

二层平面图　◢

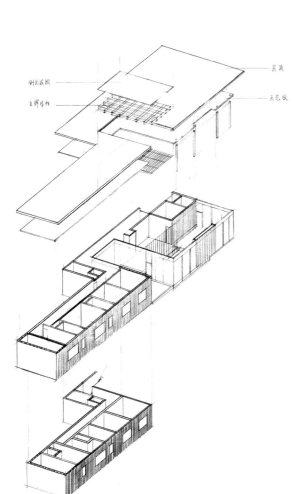

轴测图　◢

木桥博物馆　◢

考夫曼住宅
丁雅周 邹佳辰 2014 级

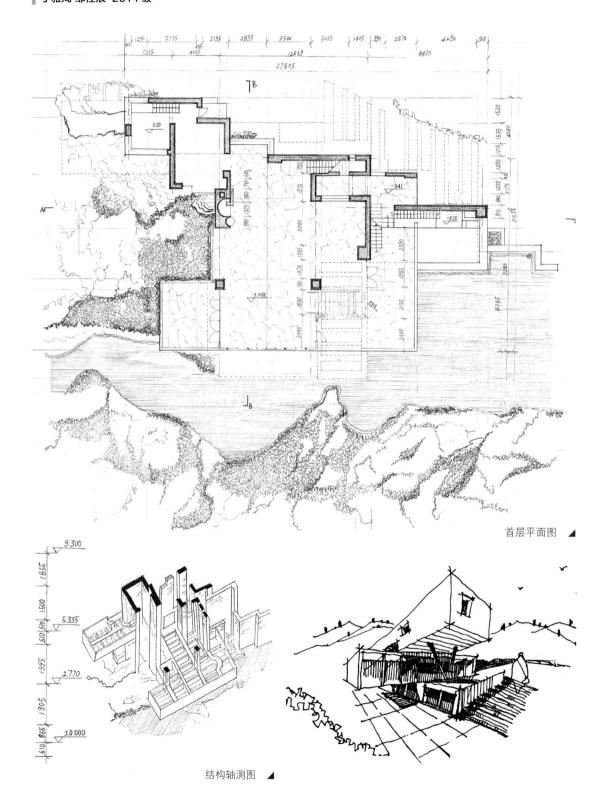

首层平面图 ◢

结构轴测图 ◢

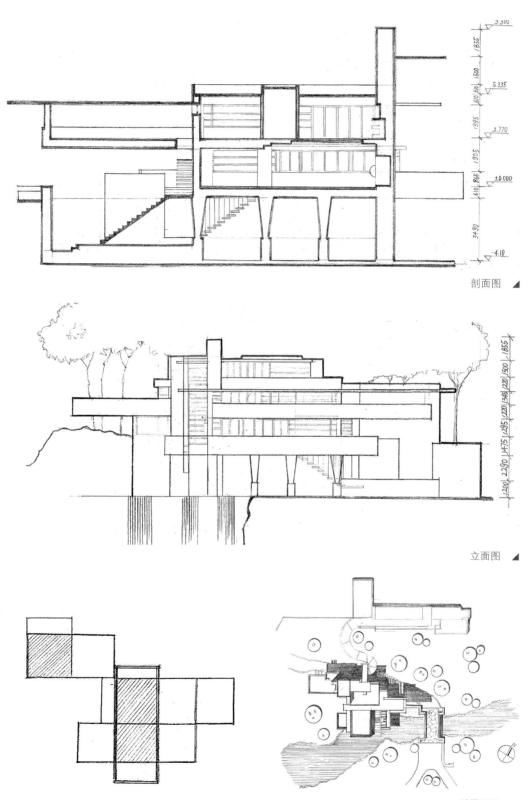

剖面图 ◢

立面图 ◢

总平面图 ◢

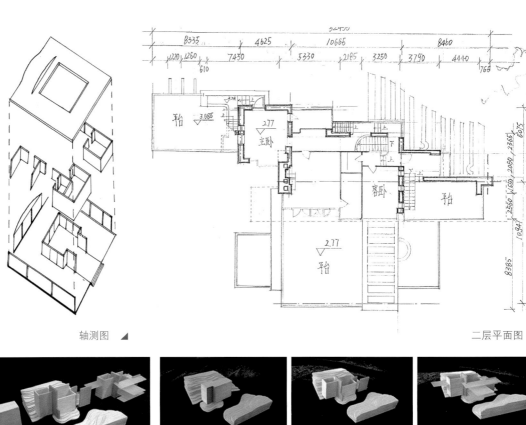

轴测图 ◢　　　　　　　　　　　　　　　　　　　　　　　二层平面图 ◢

建筑外部生成逻辑

建筑核心　　　　竖向板片穿插　　　　横向檐台延伸

建筑内部生成逻辑

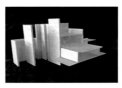

step 1 ↓ 贯通空间

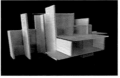
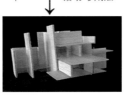
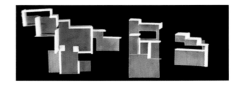

step 2 ↓ 错动与减法

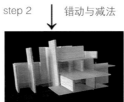

step 3

教师点评

两位学生按照自己的逻辑理解制作了赖特四个住宅体量模型，以加法、减法、穿插、错动等手法分层解析了建筑的体量生成关系。重点选取了经典建筑考夫曼住宅（流水别墅）进行建筑解读与空间分析，按照确定建筑核心、穿插竖向板片、横向檐台延伸来解读分析。铅笔草图表达清晰，线型明确，尤其是建筑模型，将更多的关注点放在结构生成上，对一年级学生的学习难能可贵。

小筱邸住宅
许琳 2015 级

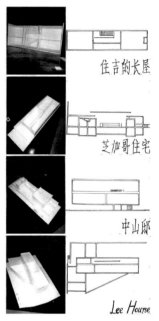

住吉的长屋

芝加哥住宅

中山邸

Lee House

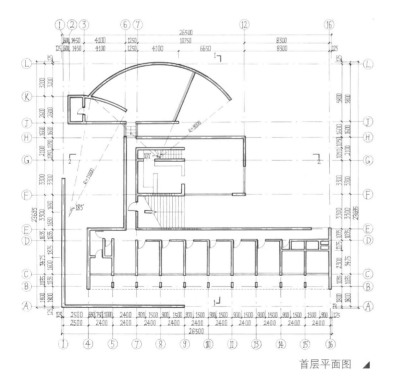

首层平面图 ◢

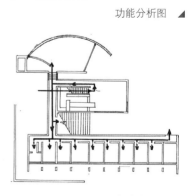

功能分析图 ◢

流线分析图 ◢

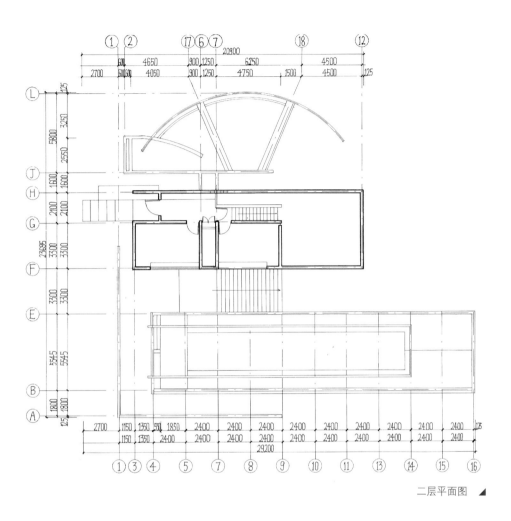

二层平面图 ▲

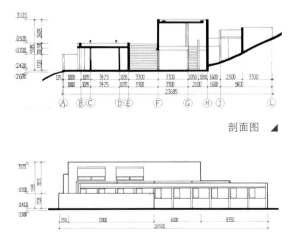

剖面图 ▲

立面图 ▲

教师点评

小筱邸住宅位于日本兵库县芦屋市，是安藤忠雄代表性作品。学生用简练干脆的图示语言描绘了安藤住宅的特点，并总结了住吉长屋、芝加哥住宅、中山邸等建筑的体量关系。绘制的平、立、剖面图线型区分明确，尺寸标注清晰，排版直截了当；虽没有打动人心的表现图，却也反映了学生工程制图的扎实功底。模型采用灰色卡纸做建筑，白色石膏做地形，突出了建筑清水混凝土的特点。

拉乔夫斯基住宅
何欣南 2016 级

迈耶的作品注重立体主义构图和光影的变化，强调面的穿插，讲究纯净的建筑空间和体量。

在对比例和尺度的理解上，扩大了尺度和等级的空间特征。迈耶着手的是简单的结构，这种结构将室内外空间和体积完全融合在一起。通过对空间、格局以及光线等方面的控制，迈耶创造出全新的现代化模式的建筑。

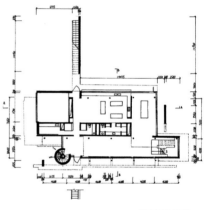

首层平面图 ◀

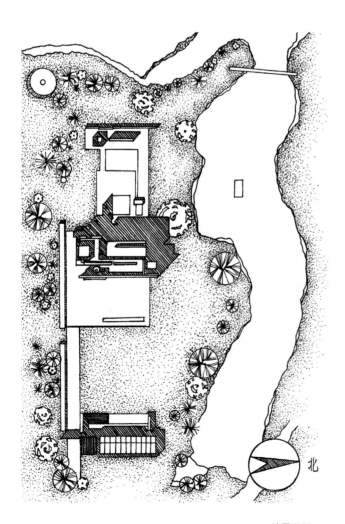

拉乔夫斯基住宅以"顺应自然"的理论为基础，主题为白色，以绿色景物衬托，体现了白色派的风格，内部运用垂直空间和天然光线的反射达到富于光影的效果。

北

总平面图 ◀

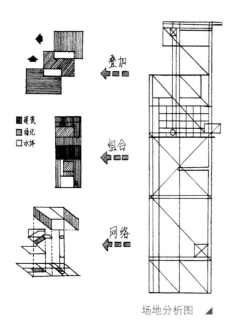

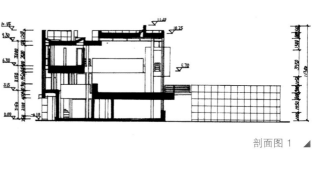

剖面图 1 ◣

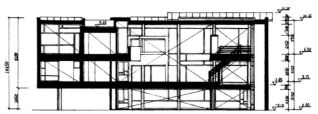

场地分析图 ◣

剖面图 2 ◣

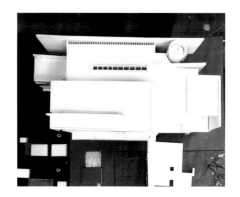

教师点评

该学生对迈耶在不同时期五个作品的风格和形体进行横向分析对比，体味迈耶的建筑思想和作品发展轨迹。重点选取迈耶的拉乔夫斯基住宅进行作品解读与空间分析，以光、白色、形体穿插去解决建筑生成的逻辑性，运用图解语言方法分析建筑艺术具体化的设计手法较为全面，构图完整，平面和剖面的绘图规范需再加强。模型制作精细，手绘效果图表现出扎实的基本功。从不同层面解读，分析比较到位。

瓦尔斯温泉浴场
卢见光 2016 级

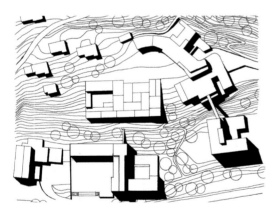

总平面图 ◣

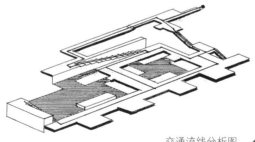

交通流线分析图 ◣

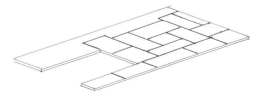

变形缝分布分析图 ◣

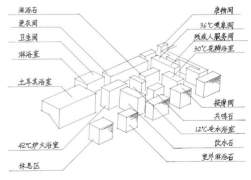

淋浴石
更衣间
卫生间
淋浴室
土耳其浴室
42℃炉火浴室
休息区

杂物间
36℃喷泉间
残疾人服务间
30℃花瓣浴室
按摩间
共鸣石
12℃冷水浴室
饮水石
室外淋浴石

功能分区分析图 ◣

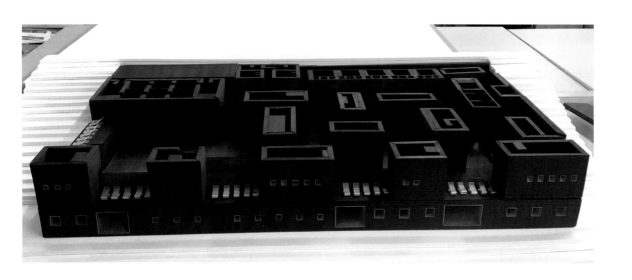

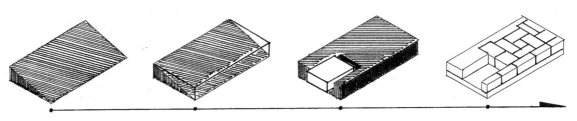

空间演变分析图 ◣

立面图 ◣

剖面图 1 ◣

剖面图 2 ◣

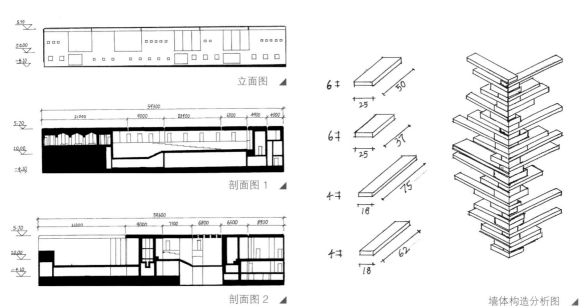

墙体构造分析图 ◣

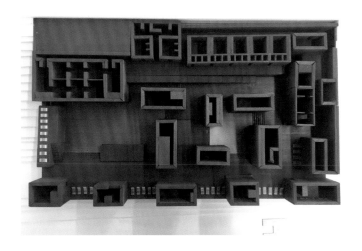

首层平面图

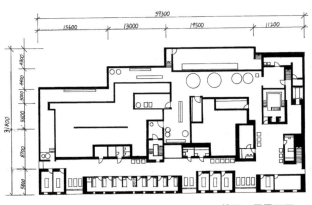

地下一层平面图

教师点评

瑞士瓦尔斯温泉浴场是 1996 年由彼得·卒姆托设计并建造完成。学生分析了瓦尔斯浴场的空间演变过程、对位关系、空间比例、变形缝构造、墙体构造等，图纸表达清晰。学生通过对地上与地下的空间关系、流动的空间分割、空间中光与影的关系来体味建筑的生成逻辑。通过局部透视对空间的感知、材料的特性和材料之间的搭配进行分析，诠释材料和场地的认知是该建筑的真谛。该作业应加强各体块单元之间生成关系的分析，剖面图在局部绘制不够规范，但在一年级作业解读中对构造的尝试难能可贵。

NA 住宅

姚瑶 2016 级

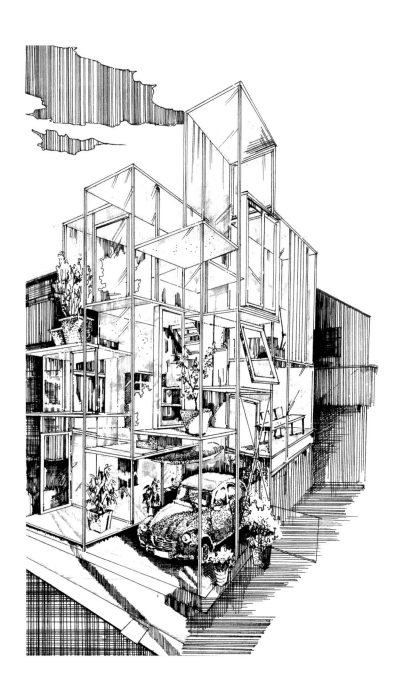

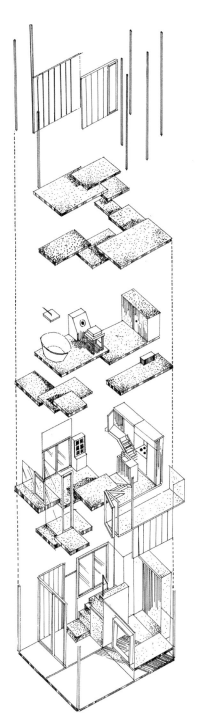

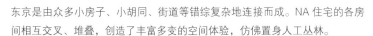

东京是由众多小房子、小胡同、街道等错综复杂地连接而成。NA 住宅的各房间相互交叉、堆叠，创造了丰富多变的空间体验，仿佛置身人工丛林。

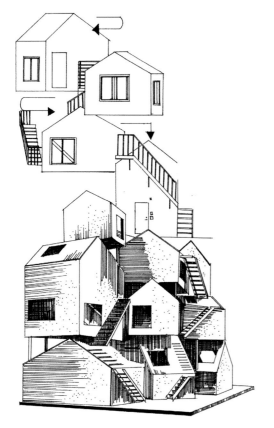

东京公寓 ◣

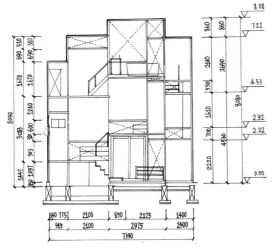

剖面图 ◣

教师点评

NA-house 采用单个模块通过简单的螺旋式叠加，对建筑内部的水平和垂直的单元生成逻辑进行研究，以交通贯穿整体来分析整个空间单元的组合关系。除了关注内部空间单元自身的逻辑，还能引申分析空间之间及空间之外形成的场所等联系，分析的逻辑性较强。整个图面排版略显紧张，绘图功底强，对单个模块之间的组合生成逻辑分析的比较到位，模型制作精细，剖面图表达欠缺。

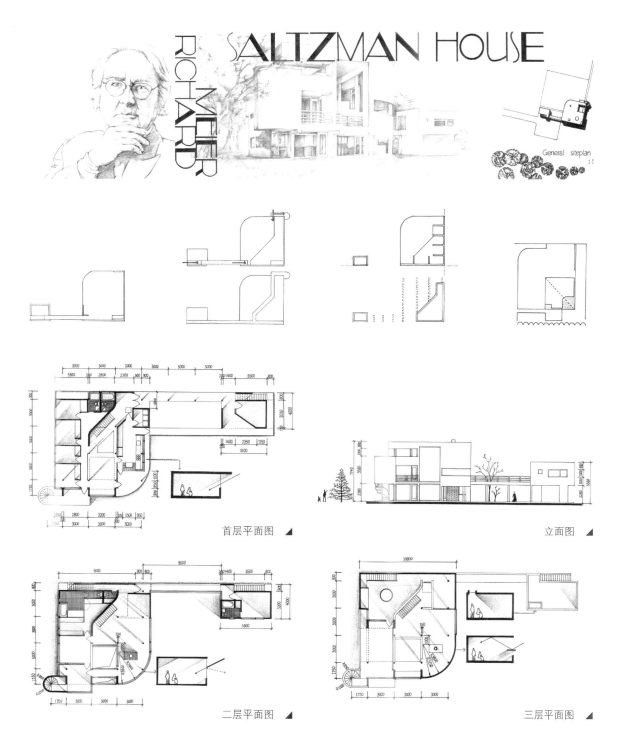

RICHARD MEIER

SALTZMAN HOUSE

General siteplan

首层平面图

立面图

二层平面图

三层平面图

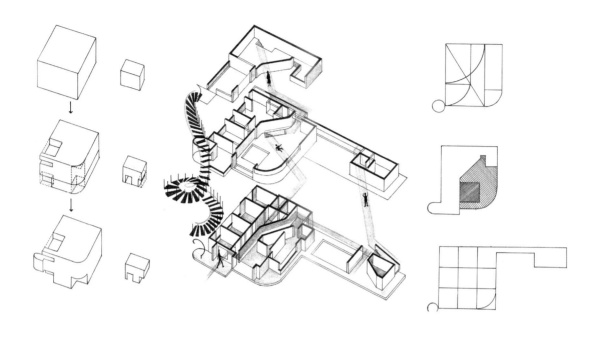

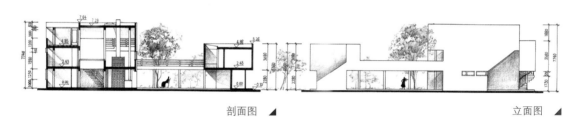

剖面图 ◢　　　　　　　　　　　　　　　　　　立面图 ◢

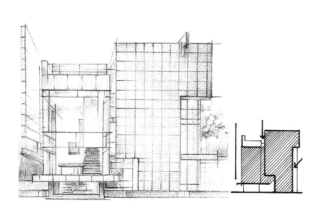

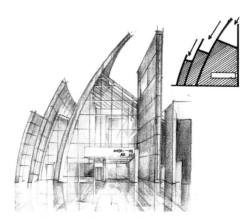

拉乔夫斯基住宅与千禧教堂光影分析图 ◢

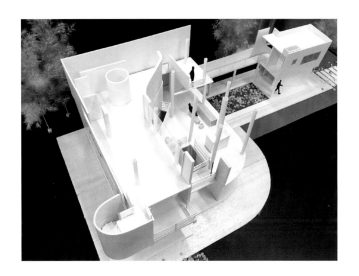

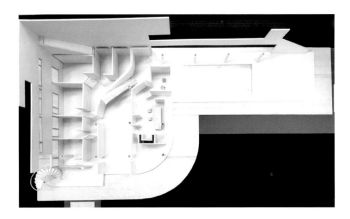

教师点评

该学生通过光影、色彩、材质的对比对迈耶不同时期的作品进行解读，结合 SALTZMAN HOUSE 中不同空间光的运用及光与空间关系的分析直观体现出光在迈耶作品中的精髓。整个图面表达清晰，表现手法娴熟，分析的逻辑关系较强，表现出很强的基本功。在创作模型过程中，捕捉局部空间及空间与人的关系，体味空间与人的关系，这也是我们在一年级训练中很重要的方面。

罗马千禧教堂
赖宏睿 2016 级

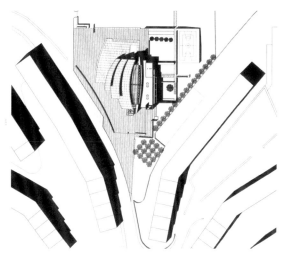

总平面图 ▲

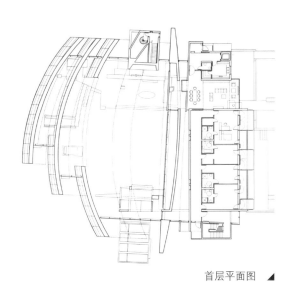

首层平面图 ▲

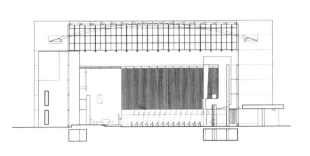

立面图 1 ▲

剖面图 1 ▲

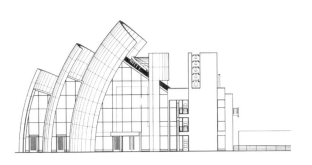

立面图 2 ▲

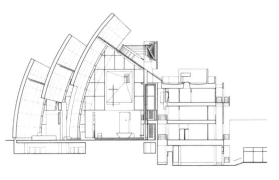

剖面图 2 ▲

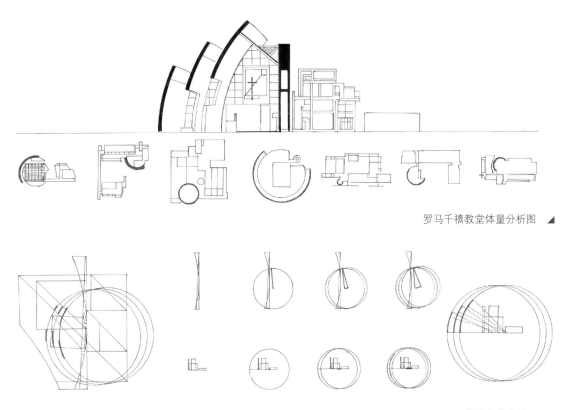

罗马千禧教堂体量分析图　◢

体量生成分析图　◢

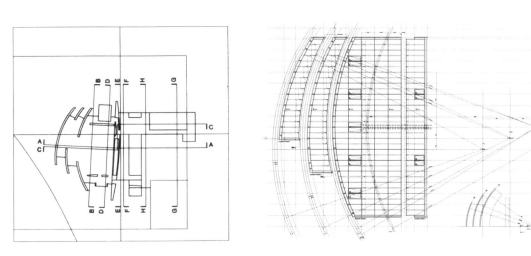

体量分析图 1　◢

体量分析图 2　◢

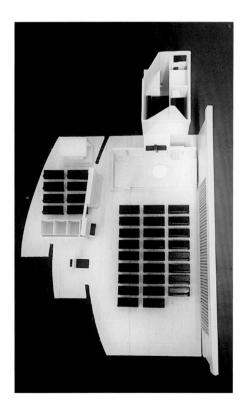

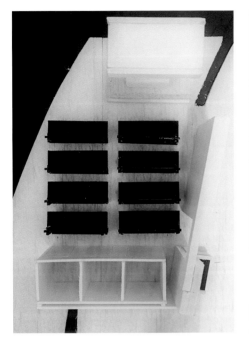
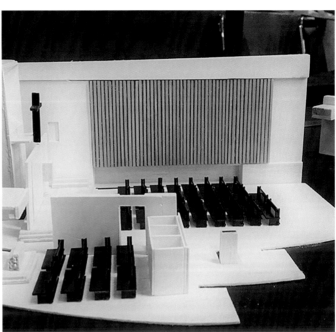

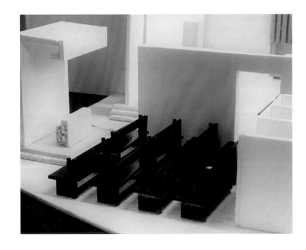

教师点评

千禧教堂是迈耶为数不多的使用曲面形式的建筑作品，同样这个作品中继续延续白色、光影的设计手法。该作业把握住了看似自由外壳下严谨的空间逻辑关系，对公共空间、过渡空间、私密空间的构成与逻辑关系进行分析，从数学几何的角度分析平面与形体的构成关系。整个构图与文字的分析稍显欠缺，图的主次关系应再加强，但在一年级训练中对曲面材料与结构的分析难能可贵。

04 空间整合
Spatial Integration

课程设计任务书

" 我 的 导 师 查 尔 斯 · 易 普 拉 特 耐 尔（Charles L'Eplattenier）曾说，只有自然才是真正的鼓舞着人勇往直前的动力，但不要用风景画来重现自然，因为那只是它的表面。我们应研究它的起因、形体和活力，再综合起来用于装饰设计。"

——勒·柯布西耶

为了更深入地学习了解现代艺术与现代建筑的特征，掌握空间设计与抽象要素组织的基本方法，本学期第一个设计作业"空间构成与整合"要求学生了解现代艺术的发展脉络与建筑作品的空间构成，提炼形式语言；从抽象空间入手，逐步过渡到建筑空间设计。建筑空间处于复杂环境之中，它的建成必然受到多方面的影响和制约，但作为建筑设计基础要求，主要是了解功能形式与场地环境。"功能形式"是人在建筑空间中的行为以及与使用功能相联系的空间形式。"场地环境"即建筑建成的环境，可以是自然环境，也可以是人文环境，它包括建筑位置、水文气候、地域文化、风俗习惯等。学生在熟练运用设计手法的基础上，合理运用拆解、扭转、拉伸、拼接等手法设计空间，适应所处环境。

▌教学目的

1. 训练对建筑空间要素的观察与抽象能力，用点、线、面、体基本要素反映设计概念。
2. 掌握空间构成的形式规律与设计手法，理解拆解、扭转、拉伸、拼接等设计手法的运用。
3. 了解场地环境对建筑空间的影响，训练空间想象力。
熟悉观察、记录、分析等调研方法，了解行为与空间的关系。

▌教学内容

一、立方体设计
1. 以特色空间为研究对象提炼空间组织特点及其形式语言，在面宽、进深、高度分别为 16 m×16 m×16 m 的建筑空间内，运用点、线、面、体基本要素进行叠加、切割、扭转等操作，完成一个建筑构成设计作品。
2. 所有构成要素必须在限定空间内，不得超越；设计作品可以反映所分析建筑的空间逻辑，也可以依照自我逻辑概念完成抽象符号的重组。
3. 该作品要体现人体尺度，可以容纳人的基本行为。
二、小型建筑设计
1. 选择天津大学校园或周边的一处场地，充分了解场地特征与人文环境，结合空间构成训练的设计手法，设计面积不超过 500 m² 的小型建筑。
2. 要注重空间形体间的衔接与过渡，并体现行为调研与空间理念。在空间整合中，进一步进行整体的空间形态设计，综合处理空间围合、渗透与层次，力求主次分明，层次丰富，秩序井然。
在空间创造过程中，使之具有一定的创新设计概念，如：功能概念（展示空间、居住空间等）、空间概念（流动空间、封闭空间等）。该作品要体现人体尺度，可以容纳人的基本行为。

▌进度安排

第一周：布置任务书，讲解现代构成艺术。
第二周：讲解空间操作方法制作立方体模型。
第三周：制作立方体模型。
第四周：制作立方体模型并绘制图纸。
第五周：制作精细模型并摄影。
第六周：选择设计场地并调研。
第七周：设计小型建筑。
第八周：制作小型建筑模型。
第九周：绘制建筑作品的图纸。
第十周：绘制建筑作品的图纸。

▌成果要求

1. 制作一个空间构成的实体模型，比例为 1:100，材料自选。
2. 制作包含校园场地的实体模型，比例为 1:100，材料自选。
3. 绘制至少两张 A1 图纸（841 mm×594 mm），图纸内容至少包括设计方案的平面图（1:100）、立面图（1:100）、剖面图（1:100）、两张内部空间透视图、空间分析图，表达方式不限（铅笔、墨线、水彩等均可）。

▍参考书目

[1] 弗雷德·克雷纳，克里斯汀·马米亚.加德纳艺术通史 [M]. 李建群，译，长沙：湖南美术出版社，2013.

[2] 让尼娜·菲德勒，彼得·费尔阿本德.包豪斯 [M].查明建，梁雪，译，杭州：浙江人民美术出版社，2013.

[3] 彭一刚.建筑空间组合论 [M].北京：中国建筑工业出版社，2008.

[4] 顾大庆，柏庭卫.空间、建构与设计 [M].北京：中国建筑工业出版社，2011.

[5] 贾倍思.型和现代主义 [M].北京：中国建筑工业出版社，2015.

[6] 程大金.建筑：形式、空间、秩序 [M].邹德侬，刘丛红，译.天津：天津大学出版社，2008.

[7] 安德烈·德普拉泽斯.建构建筑手册 [M].钎铮铖，译.大连：大连理工出版社，2007.

[8] 柯林·罗，罗伯特·斯拉茨基.透明性 [M].王又佳，金秋野，译，北京：中国建筑工业出版社，2008.

[9] 叶武.平面构成 [M].北京：中国建筑工业出版社，2014.

[10] 赫曼·赫茨伯格.建筑学教程 1：设计原理 [M].仲德崑，译.天津：天津大学出版社，2015.

[11] 赫曼·赫茨伯格.建筑学教程 2：空间与建筑师 [M].古红缨，译.天津：天津大学出版社，2015.

〖教学相关论文〗

感知与探索——基础教学中的空间概念构建

——滕夙宏

摘要： 文章介绍了天津大学建筑学院在城市规划基础课程教学中，以空间为路径和出发点，帮助学生建构专业知识体系的基础。在借鉴认知学的理论基础上，课题组设立了空间认知与设计训练系列单元，取得了很好的教学效果。

关键词： 空间认知与设计；系列教学单元；建构主义认知学

▍背景

城市规划基础课程所针对的对象是一年级的新生，主要任务是帮助学生接触和了解城市规划这门学科，通过一系列教学单元完成城市规划相关知识的初步积累，进行设计能力的初步训练，为之后的专业学习奠定基础。在这个过程中，为了帮助学生以更直观的方式理解设计的对象，以更有效的方式构建专业知识体系，城市规划基础教学课题组（以下简称"课题组"）建立了以空间为基础的教学训练。

空间是城市规划的主要研究对象。空间具有宏观、微观、具象、抽象等不同特性，而对于城市规划专业的新生来说，空间是他们学习城市规划专业知识的路径和出发点，如何理解这些特性，在具象空间感知的基础上建立抽象空间概念，构建思维中的空间想象能力以及在图纸上表达抽象空间是学习中的难点。在传统的教学方法中，多以教师为中心，强调知识的"传授"，教学设计理论围绕如何"教"而展开，学生的学习过程以被动地接受为主。这种传统的教学方法主要关注知识结构和学科结构的研究，即把知识结构完整清晰地传递给学生，但是具体在学生的头脑内部能够产生怎样的反应，接受程度可以到达多少，以至掌握之后能够灵活运用的程度，却都是未可知的。在一些以记忆为主的学科的学习上，例如文史、地理等，传统的教学方式还是有其不可替代的优越性。然而在一些需要建立在理解基础上的应用学科，尤其在高等教育中，在譬如城市规划这样需要主动性思考和创新性思考的学科教育中，这种机械的、刺激—反应式的教学就显示出其不能满足教学要求的一面。

自 20 世纪 60 年代起在西方逐渐盛行起来的建构主义教育理论，改变了传统教学中教师与学生之间的关系，提倡以学生为中心的学习，强调学习者的主动性和创新性，为城市规划基础教育的改革提供了新思路。课题组在城市规划基础课程中借鉴了建构主义认知学的理论和方法，优化教学单元设置，改革教学环节，在教学中进行了一系列尝试。经过几年的摸索，课题组围绕着空间认知和设计训练建立了"空间系列单元训练"，力图让空间概念的认知和训练通过这一渐进的教学单元系列变得更加可操作，让空间成为学生学习城市规划专业知识的一个路径和出发点。

▍建构主义教学方法

建构主义（Constructivism）最初是来自哲学和心理学领域的概念，因其在人类认知发展方面的发现和贡献而被引入教育学领域，并在 60 年代之后的西方教育学界大放光彩。它揭示了知识结构和学生的认知结构存在的差异，并揭示出：教学的本质不在于知识的传授，而是教师与学生共同构建、发展学生认知结构的复杂过程。

瑞士著名心理学家皮亚杰和前苏联早期著名心理学家维果茨基，是建构主义理论的两位主要奠基者，二者基于认知发展的研究在哲学、心理学、生物学、语言学和教育学等领域都作出了巨大的贡献。课题组参考了皮亚杰的认知学理论和维果茨基的"邻近发展区"理论、"支架式教学"法，设置了空间系列作业来帮助学生进入对空间的探索，教学目标是通过一系列的题目训练，最终使学生能够建构对空间的认知并培养抽象的空间思维方法。

邻近发展区的概念是指学习者独立解决问题时的实际发展水平（第一个发展水平）和教师指导下解决问题时的潜在发展水平（第二个发展水平）之间的距离，而通过教学可以创造最邻近发展区，不停顿地把学习者的智力从一个水平引导到更高水平。建构主义教学方法中的支架式教学就是建立在这一理论基础上的。为引起学生持续探索的浓厚兴趣，建构的学习主题必须是完整的知识单元，所呈现的问题应具有足够的复杂性。这可能超出了学生的知识水平，使学生的建构活动遇到困难。因此教师要为学生提供一种"概念框架"，将复杂的任务分解，帮助学生建构对知识逐步深入的理解，这种教学方法就被称为"支架式教学（Scaffolding Instruction）"。支架式教学借用了建造过程中脚手架的概念，在这里用来形象地描述一种教学方式：学习者的学习过程是在不断地、积极地建构着自身的过程；而教师利用各种教学手段形成一个必要的"脚手架"，支持学习者的智力和认知水平不断地提高到一个新的阶段。

支架式教学由以下几个环节组成。

1. 搭脚手架：围绕当前学习主题建立概念框架。

2. 进入情境：将学生引入一定的问题情境（概念框架中的某个节点）。

3. 独立探索：让学生独立探索。学生在教师的引导下展开对概念的探索过程，教师在开始阶段和概念框架的节点处给予学生适当的启发和引导，最终达到学生能够建构自身的认知的目的。

4. 协作学习：进行小组协商、讨论。通过协作学习能够帮助学生从多个角度和侧面理解所学概念，并最终获得完整的和全面的认知。

5. 效果评价：对学习效果的评价包括学生个人的自我评价和学习小组对个人的学习评价，评价内容包括：①自主学习能力；②对小组协作学习所作出的贡献；③是否完成对所学知识的意义建构。

空间系列教学借鉴了"支架式"的教学方法，将对初学者来说难以理解的空间概念拆解成为一系列的教学单元，运用学生在每一单元课程中的知识积累，逐步加入新的内容，形成由浅入深的课程系列，像脚手架一样引领学生逐步建构多层次的空间概念。框架设计的原则是从开放到封闭，由简单到复杂，通过渐进式阶段的题目设定，引领学生从最初的懵懂，经过渐进式的思考和探索，逐渐丰富的知识体系，最终获得对空间比较清晰的认知，并在符合作业要求的基础上完成充分表达个人理解和能力的空间训练作品（表1）。空间系列教学单元的设计，除了要考虑到课程阶梯的合理性与可操作性，还应该有与之相适应的教学环节与学习方法。在这些环节与

方法中，课题组更加注重加强学生主动学习和主动思考的能力，以此来更好地建构专业知识体系，同时也有利于创新性思维、批判性思维和逻辑性思维的培养。

表1　空间系列教学单元中研究性学习内容的阶梯式引入

空间系列教学单元	研究性学习内容的阶梯式引入
人体尺度认知	尺度、行为与空间的关系
城市认知与分析	宏观尺度空间与城市活动的关系
经典建筑作品学习与分析	空间形态
立方体——简单空间设计训练	空间生成与空间逻辑
空间组合——复杂空间设计训练	复杂空间逻辑、场地与空间的关系
空间建造——空间生成训练	环境、场地与空间建造的关系

▋教学环节

空间系列单元训练教学环节的课程框架包括两个阶段——空间认知与空间设计训练。空间认知阶段着重于了解和接触空间，建立学生思维中初步的空间概念；空间设计训练阶段注重空间设计思维的建构和发展，为之后的城市规划学习奠定专业认知和能力的基础。

空间认知阶段分为三个部分：人体尺度认知、城市认知、经典建筑空间学习。首先从学生最熟悉和最容易理解的角度入手，引入尺度概念来接触和解读空间，建立尺度与空间的联系。尺度的建立遵循从小到大，由个体的尺度拓展到街道和城市尺度的顺序，便于理解，也便于形成认知的阶梯。

人体尺度是空间尺度最基本的概念，空间是在这个概念上与人发生最初的关系，也由此成为第一个教学单元的主题。学生对周围的尺度与空间进行研究，分析尺度、人与空间相互之间的关系，了解其相互作用的机制（图1，图2）。这一单元的设置为学生的空间认知搭建了第一个支架。随后的教学单元是城市认知与分析，将前一个单元中的尺度概念扩展到街道和城市的概念中，了解群体行为与空间之间的关系，体验城市空间的特性，并将这种理解和体验以测量和绘图的方式表达出来（图3，图4）。在这个单元中，学生通过观察、走访和分析将已经具备的人体和建筑空间尺度的认知拓展到更大的层面，了解城市和街道的尺度以及尺度和各种社会活动、城市功能之间的关系，建立从宏观到微观的完整尺度概念。这一单元搭建了第二个支架，将学生的空间认知领域进一步扩大和延展，建立从宏观到微观的整体视角。在经典建筑作品的学习与分析单元中，引入了建筑的概念，了解建筑与空间的关系，运用制作模型、绘制图纸的方式，学习和分析经典建筑空间的生成过程和生成逻辑。课程包括了调研、测绘等实践的部分，将微妙的感觉变为可以理解和分析的内容，

并通过模型和图纸进行分析和表达,既进行了基本的图纸和模型表达的技能训练,又在学生的认知体系中建立了空间思维的基础(图5,图6)。教师在此期间帮助学生对建筑图纸进行解读,在制作模型的过程中予以指导,同时启发和拓展学生进行研究的思路和视角。这一单元搭建的第三个支架将学生的空间认知领域深化,建立更进一步的空间认知。

空间设计训练阶段同样划分为三个单元:立方体空间设计、空间组合、空间建造。这个阶段依然以空间为主体,但目标主要集中在设计训练方面。三个单元遵循从简单到复杂,从单一目标到多目标的原则,通过逐步深入的课程单元设计帮助学生学习和熟悉空间设计的基本方法。

第一个环节的主题是立方体空间设计,学生在一个给定的立方体空间中做空间分割和空间组织的练习。在教学中教师鼓励并启发学生充分借鉴前一个教学单元中经典建筑作品的空间塑造手法或设计思想,确定设计主题。这样学生能充分运用前一阶段的空间认知成果,同时将空间认知与设计训练更紧密地结合,强化了课程单元之间的连续性,体现支架式教学的特点。针对一年级学生的初学者特点,设计主体相对简单,但通过教师的充分引导,学生能够在方案推敲和发展过程中建立完整的空间逻辑,理解内部与外部、整体与局部的空间关系(图7,图8)。第二个环节的主题是空间组合。这个单元是在立方体空间设计的基础上,3个学生组成一个小组,将前一个课程所设计的立方体组织起来,进行空间的组织和整合,形成一个新的、更为复杂的空间。在前一个环节中,学生熟悉和了解了单一空间秩序和逻辑的生成过程,而在这个单元里,学生通过空间组织、整合和取舍等方式接触并学习建立更为复杂的空间秩序的方法。同时,课题组还在这一环节中引入了场地的概念,给定地形,要求学生的空间设计要结合地形进行合理组织(图9,图10)。这个环节是空间设计训练的深化,通过更为复杂的空间设计训练提升学生空间设计的认知,形成空间设计训练的第二个支架。第三个环节的主题是空间建造,由4个学生组成一个小组,在校园中选定一块场地,在3 m×3 m×3 m的尺度内建造空间实体。在这个过程中,学生就空间的形式、材料的特性、建构方式以及与环境、场地的结合等方面进行深入的研究。教师会在此期间与学生一起分析设计的可行性,在节点与构造等方面提供指导与帮助,而学生则经历从设计到建造的全部过程(图11,图12)。空间建造单元是整个空间训练系列教学单元的最后一个单元,也是学生空间认知与设计训练成果的一个检验。

结论和思考

通过在课程中设立空间系列教学单元,借鉴建构主义的教学方法,城市规划的基础教学课题组建立了一条体会、认知和

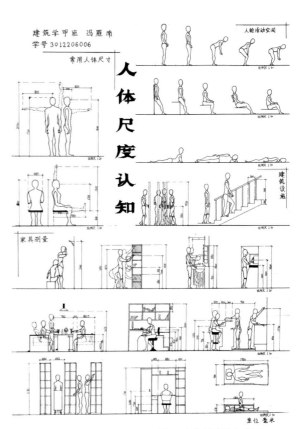

图1 人体尺度认知单元1 ◀

图2 人体尺度认知单元2 ◀

探索空间的有效路径,帮助学生建立专业学习所需要的空间思维基础。同时,建构主义的教学方法也使得教师和学生之间的交流更加充分,学生的学习从以知识的记忆为主转化为更加主动的学习,在学习过程中体会了更多的思维转换和经验收获,在最后的作品中也呈现更加多样化的效果。更重要

图3 城市认知与分析单元1

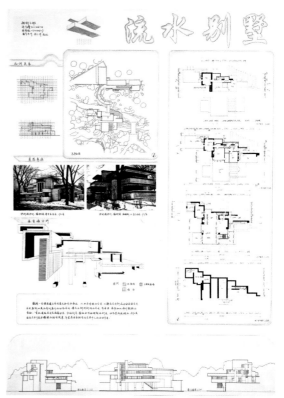

图5 经典建筑分析单元：流水别墅的模型与图纸1

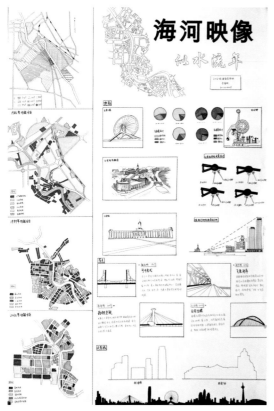

图4 城市认知与分析单元2

图6 经典建筑分析单元：流水别墅的模型与图纸2

图7 盒子空间设计单元1　图8 盒子空间设计单元2

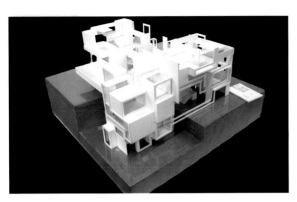

图 9 空间组织与整合单元 1 ◢

图 11 空间建造单元 1 ◢

图 12 空间建造单元 2 ◢

图 10 空间组织与整合单元 2 ◢

学生之间的交流更加充分，学生的学习从以知识的记忆为主转化为更加主动的学习，在学习过程中体会了更多的思维转换和经验收获，在最后的作品中也呈现更加多样化的效果。更重要的是，通过这一过程学生所形成的主动性学习和创新性思考的学习模式，将会为之后的专业学习带来更加深远的影响。

的是，通过这一过程，学生所形成的主动性学习和创新性思考的学习模式，将会为之后的专业学习带来更加深远的影响。认知和探索空间的有效路径，帮助学生建立专业学习所需要的空间思维基础。同时，建构主义的教学方法也使得教师和

▌参考文献

[1] 何克抗 . 建构主义的教学模式、教学方法与教学设计 [J].北京师范大学学报：社会科学版，1997，(5)74–81.

[2] 罗仙金 . 简析建构主义教育理论及教学方法 [J] . 福建教育学院学报，2003，4(1):90–91.

优秀作业与点评

空间分割与变异
陈蕴怡 2013 级

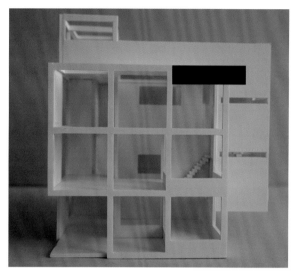

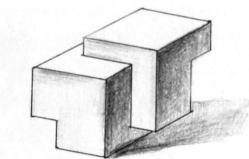

体量分析图 1 ◢

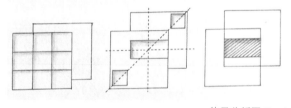

体量分析图 2 ◢

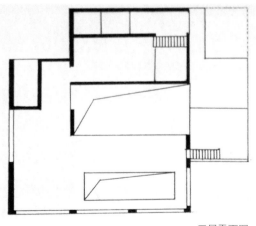

三层平面图 ◢

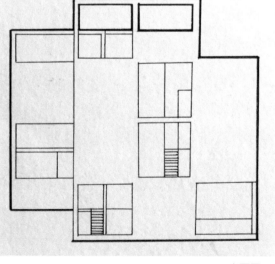

立面图 ◢

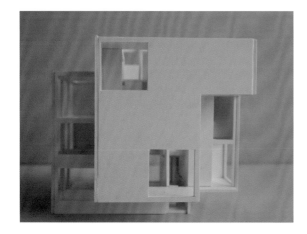

教师点评

该作品生成逻辑简洁清晰，从大关系上是一虚一实两个立方体的咬合而成，虚块为框架，实块挖去几个窗洞。在咬合中又推敲了相交空间的交通变化，注重了协调与均衡。虽然没有更多个性化手法，但方案整体性强，模型做工精细，虚实关系处理得当，达到了立方体空间训练的目的。

微观世界
赵夏瑀 2014 级

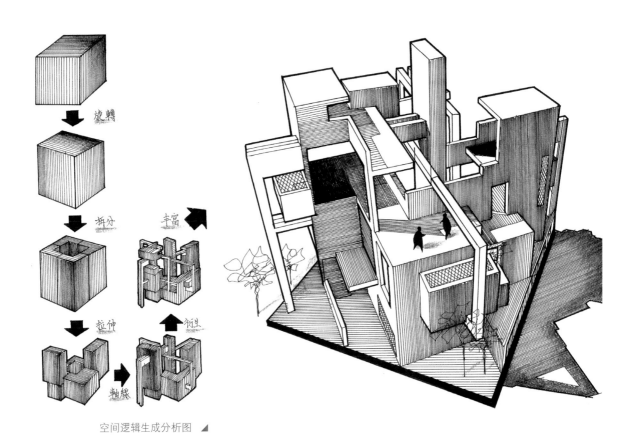

旋轉

拆分　丰富

拉伸　衍生

軸線

空间逻辑生成分析图　◣

立面图 1　◣　　　立面图 2　◣

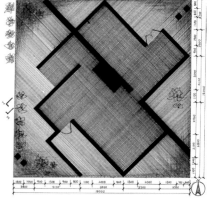

首层平面图　◣

这个方案通过研究彼得·艾森曼的住宅系列作品获得灵感，延续十字轴线的要素，将立方体空间分割成四个部分，并各自形成高度不同的形态，运用重复空间、类似空间、错层空间等手法，于统一中求变化。缩小空间尺度，创造更丰富的情感体验。

同时由老子《道德经》所获灵感，"有之以为利，无之以为用"，分割立方体，创造开敞的体块，留出空间，让自然可以从中穿行，淡化内部空间与外部空间的界限，让人与自然更好地交融。

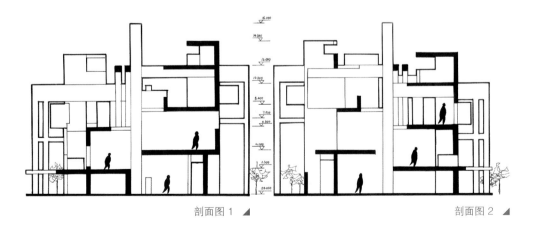

剖面图 1 ◢　　　　　　　　　　　　　　　剖面图 2 ◢

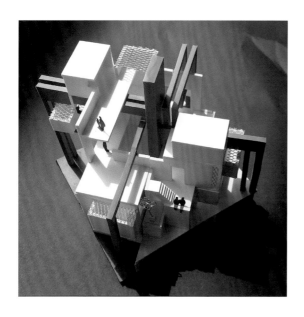
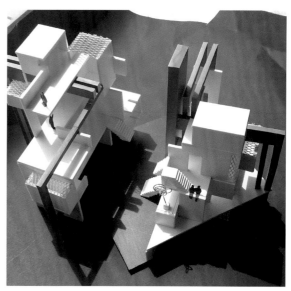

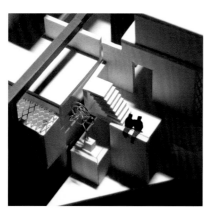

类似空间

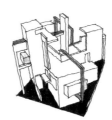
重复空间

错层空间

空间特征分析图 ◢

教师点评

这个作业要求学生通过大师作品模型制作,了解建筑师的空间组织特点和建筑符号的运用。然后提取空间要素,构造出新的空间。这个方案首先提取上一个作业彼得·埃森曼建筑的十字中心轴作为空间要素,运用杆件和板片两种方式进行空间组织,对体块进行分割拉伸来制造空间层次。从正方体平面的十字分割开始,经过旋转、变形、拆解、移位等方法塑造出空间的框架。然后通过杆件和板片的穿插分割出公共与私密空间,增加空间的丰富程度。最后在材料上选取有一定透明度和不同肌理色彩的材质,强化空间构成的逻辑性。作业构思从简单开始,逐渐形成完整丰富的空间构成,步骤明确,逻辑清晰,构思巧妙。

空间分割与变异
柴彦昊 2014 级

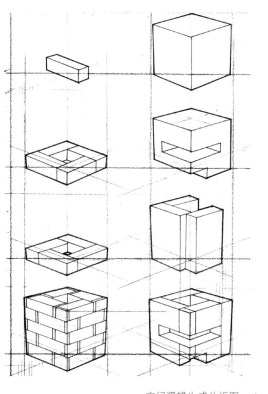

空间逻辑生成分析图 ◢

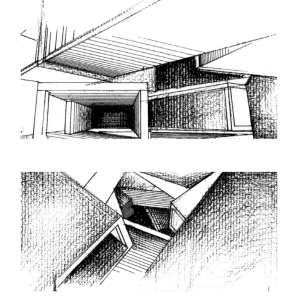

总平面图 ◢

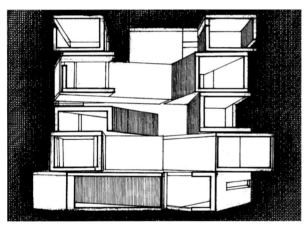

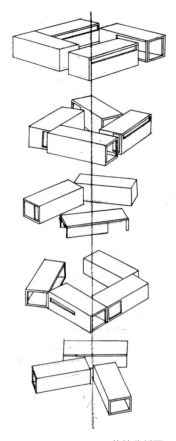

体块分析图 ◢

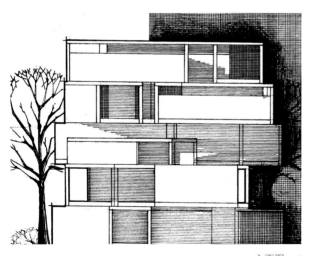

立面图 ◢

教师点评

这个方案的出发点是通过对空间的分割和横向与纵向空间的相交来形成丰富的空间。同时，对内部空间进行了充分的分析，而不是停留在立体构成的层面。光影的引入和材质的配合，增加了空间的多种可能性。学生并没有拘泥于方盒子已有的限制和给予的辅助线。这个方案从内部视角出发，进行了不同角度的扭转，形成了可以看到各个角度风景的不同空间，概念新颖。同时，学生把这个设计进行延伸，向真正建筑的方向拓展，引入垂直交通空间，构思大胆，造型较为完整。

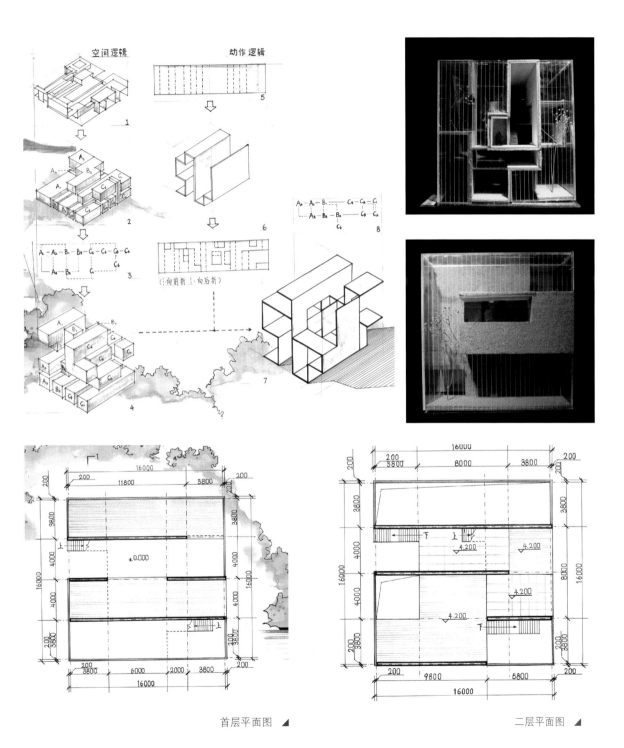

首层平面图 ◢　　　二层平面图 ◢

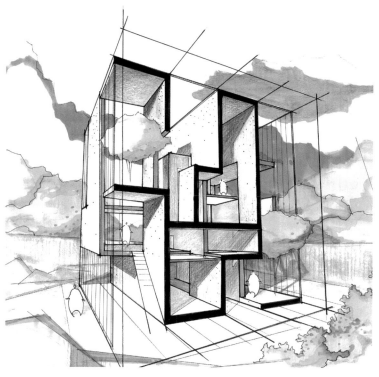

剖面图 ◢ 　　　　　　立面图 ◢

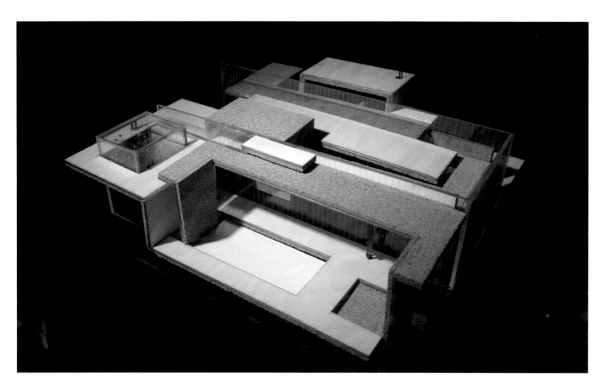

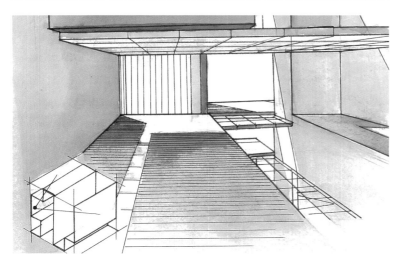

教师点评

学生这两个作业联系紧密，首先提取史密斯住宅的主要分割墙体进行简化，用板片单元进行垂直穿插，依照史密斯住宅的切割、折叠手法进行处理，生成适合人体尺度的空间。紧接下一作业，通过对上一方案不同空间进行编号，分析空间关系，生成具有相同空间关系的立方体。同时，利用板片的折叠来生成这个空间，手法连贯，逻辑严密。

小朋友画室设计
丁雅周 2014 级

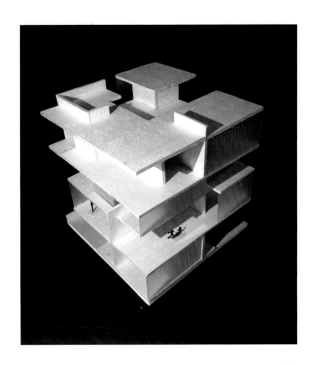

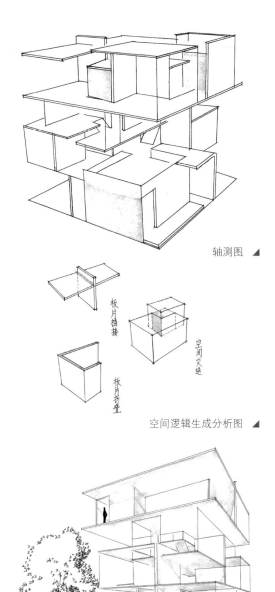

轴测图 ◢

空间逻辑生成分析图 ◢

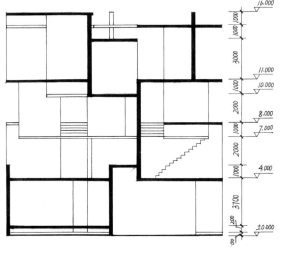

剖面图 ◢

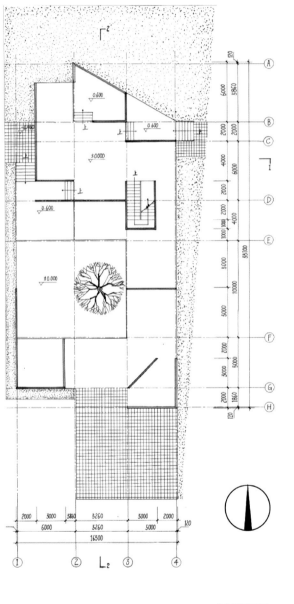

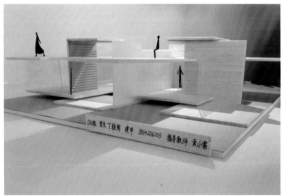

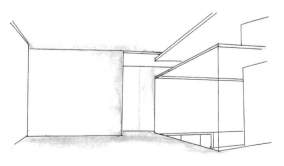

首层平面图

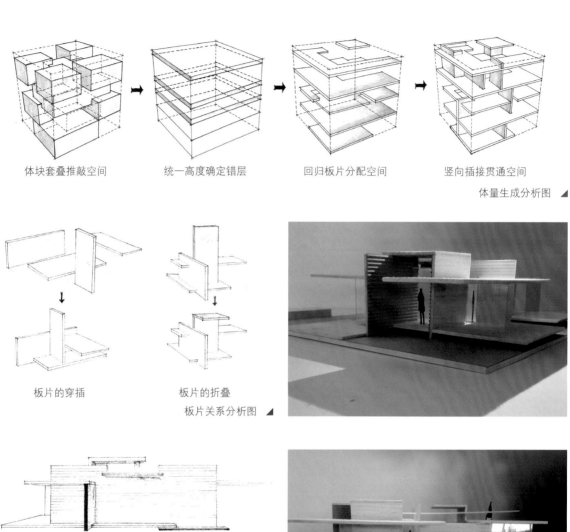

体块套叠推敲空间　　　统一高度确定错层　　　回归板片分配空间　　　竖向插接贯通空间

体量生成分析图 ◣

板片的穿插　　　　　　板片的折叠

板片关系分析图 ◣

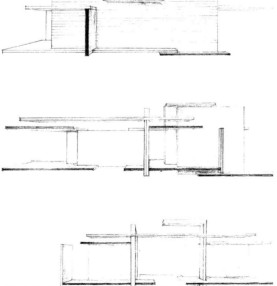

教师点评

这个设计选取了天津大学校园内的青年湖畔作为基地，形成了一个带有中庭的建筑空间，也考虑了人的流线和庭院的交通，通过与周围环境的变化来设置建筑的开敞与封闭的空间。整个设计完整，内外空间融合流动，细节处理丰富细腻，空间富有诗意。

梯岛·老少同乐
郜若辰 2015 级

总平面图 ◢

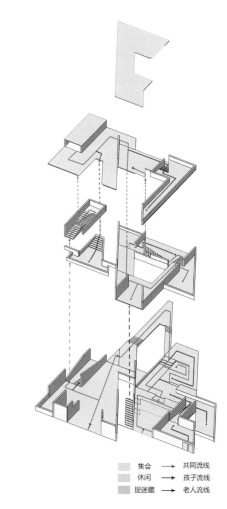

集会　→　共同流线
休闲　→　孩子流线
捉迷藏　→　老人流线

交通流线及功能分区分析图 ◢

首层平面图 ◢

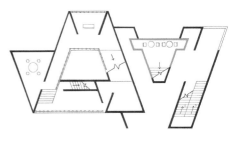

二层平面图 ◢

┃ 该作品为 2016 东南·中国建筑新人赛暨 2016 亚洲建筑新人赛中国区选拔赛 TOP100

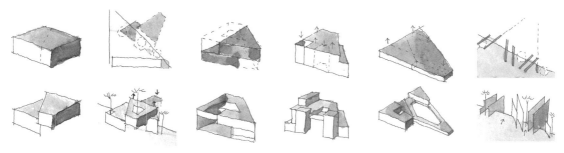

体量生成分析图 ◢

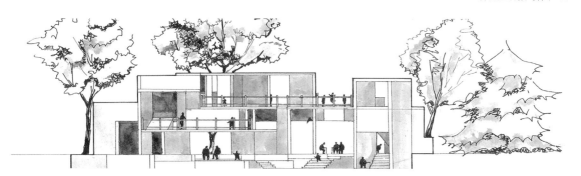

立面图 1 ◢

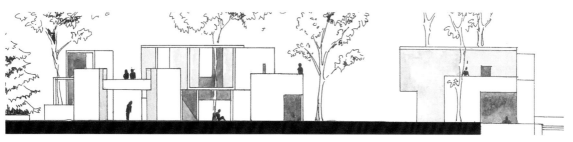

立面图 2 ◢

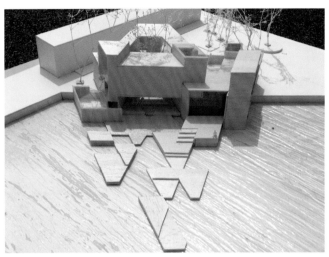

教师点评

该作品以梯形为元素进行多重组合，不同大小的梯形体块套叠、错动、抬升，形成丰富的空间形体，并利用临水的场地空间，将梯形体块延伸至水中形成高低错落的亲水平台，形成岛屿式分布，用外部环境来进一步丰富建筑空间，元素的统一加上丰富的变化使该作品在视觉上产生较好的完整性。

空间分割与变异
许宁佳 2015 级

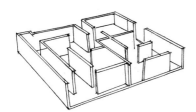

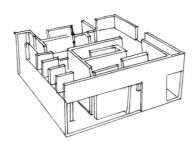

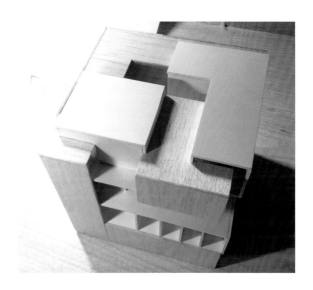

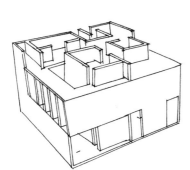

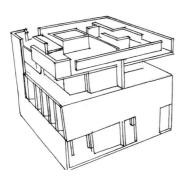

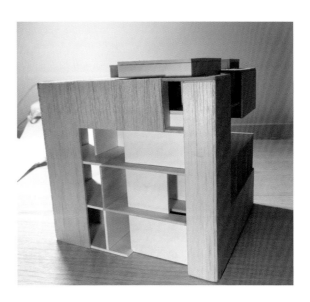

轴测图

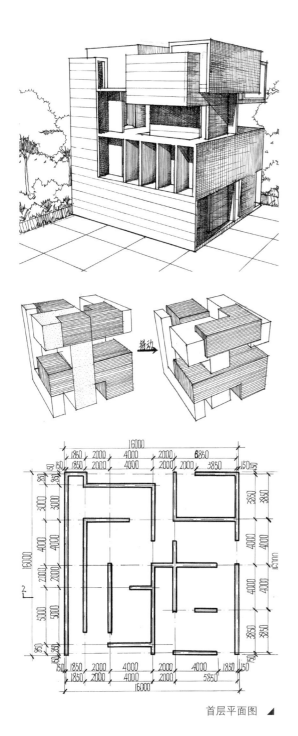

首层平面图 ◢

教师点评

该作品将几个材质不同的"L"形体块进行组合，在围合与空隙间体现了虚实变化，模型制作中用木板与白色 PVC 板延续了体量组合的逻辑性。在细节设计中，注重体量咬合时的交接关系，加减法相结合，使得体量变化丰富而不失整体性。尤其是通过进一步观察与想象，提炼出立方体中的贯通、错落、半开敞等空间类型，从空间操作开始走向空间设计。

空间分割与变异
徐嘉悦 2015 级

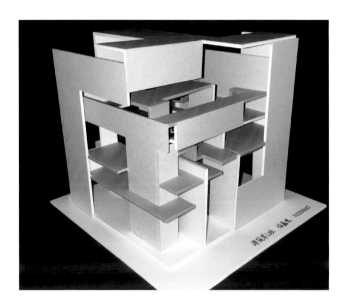

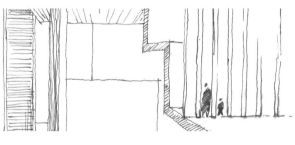

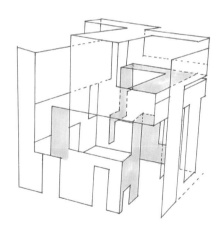

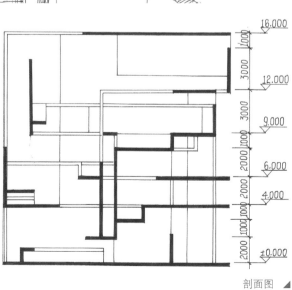

剖面图 ◢

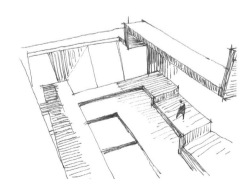

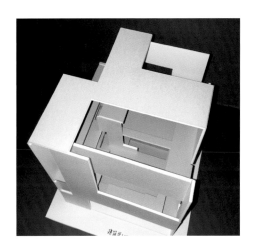

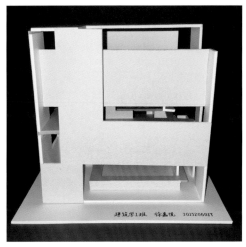

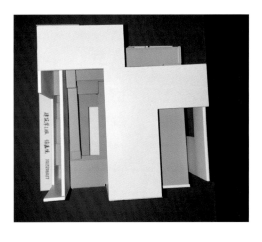

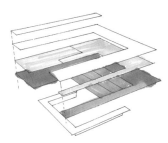

水平板块主要由U形楼板和1 m高台组成，长度一致，两侧宽度错落有致。

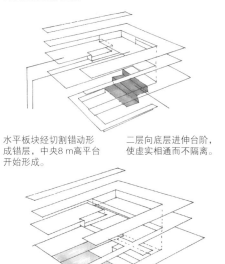

水平板块经切割错动形成错层，中央8 m高平台开始形成。

二层向底层进伸台阶，使虚实相通而不隔离。

横向水平连接两侧通道，使行人在不同宽度走廊中迂回而不乏味。

体量生成分析图 ◣

教师点评

该作品中心体块相对封闭，由"U"形水平楼板与外部连贯板片穿插而成。水平板片错动，使人在不同宽度走廊迂回行进；中间错层向下延伸，保持竖向的连贯性。从体量生成分析图和模型制作中都可以看出该作品有很强的逻辑性，用灰色卡纸做水平楼板，用土黄色卡纸做竖向墙体，通过材质的区分进一步强化空间逻辑。

方块坠落

赖宏睿 2016 级

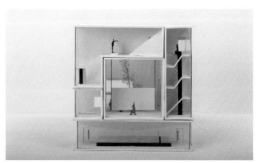

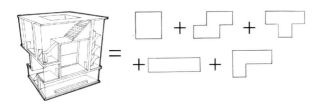

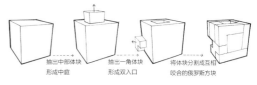

体块生成分析图 ◣

抽出中部体块　　抽出一角体块　　将体块分割成互相
形成中庭　　　　形成双入口　　　咬合的俄罗斯方块

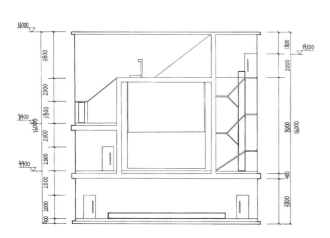

立面图 ◣

教师点评

该作品空间丰富，以通高的庭园为中心，围绕中庭四周是由俄罗斯方块中的"L"形、"S"形、"I"形、"T"形等体块作为不同的功能单元进行空间划分，有一些"挖空"和"填补"的动作，逻辑清晰，空间变化丰富，但有些过于通透，私密性不足。

言叶之庭——留学生活动中心
赖宏睿 2016 级

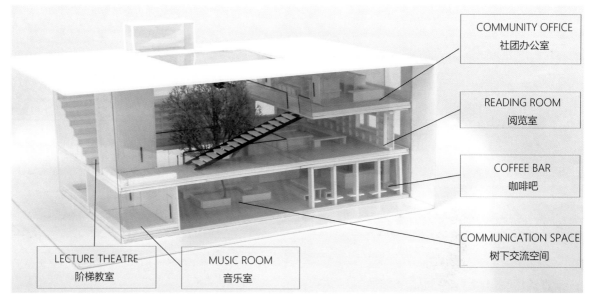

COMMUNITY OFFICE
社团办公室

READING ROOM
阅览室

COFFEE BAR
咖啡吧

COMMUNICATION SPACE
树下交流空间

LECTURE THEATRE
阶梯教室

MUSIC ROOM
音乐室

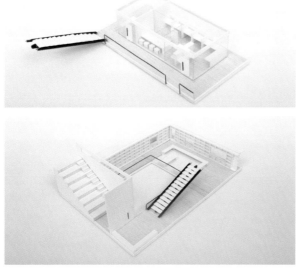

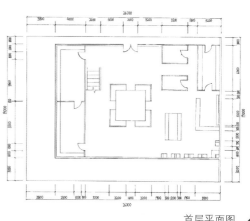

首层平面图 ▲

教师点评

该同学的空间整合作业延续了前一个方盒子作业的空间形式，依然以一个中庭空间为中心，交通空间环中庭而上，四周分布功能空间。由于增加了场地选址和功能要求，相对于方盒子来说，增加了一定的限制因素，可以看出该作品在考虑空间分布的同时，也根据功能需求对开敞空间和私密空间进行了合理分布。不足之处在于，虽然该作品的内部空间较为丰富，但建筑外形体过于规整，可以打破矩形的体块，开窗的形式感有待加强。

空间分割与限定·方盒子

齐越 2016 级

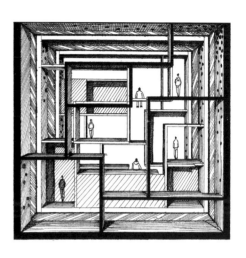

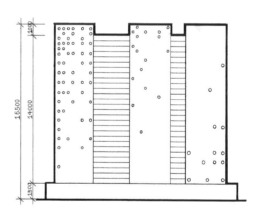

立面图

教师点评

该作品用三个可移动的"框"对方盒子进行空间分割，大框的内部再用多层次的小框做墙体分割空间，元素统一，空间丰富，选择金属质感的实墙和玻璃材质搭配，虚实结合，有很好的视觉冲击效果。此外，作者为打破金属材质外框的呆板，还做了不规则孔洞的细节设计。

空间整合·书吧设计
齐越 2016 级

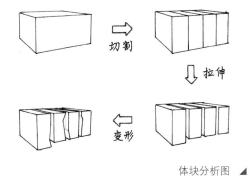

切割

拉伸

变形

体块分析图 ◣

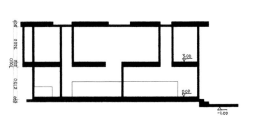

立面图 ◣

剖面图 ◣

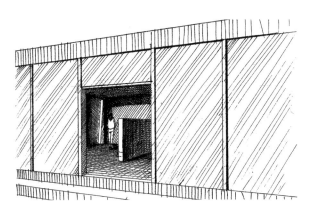

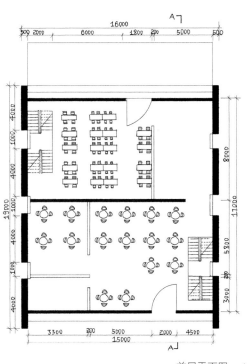

首层平面图 ◣

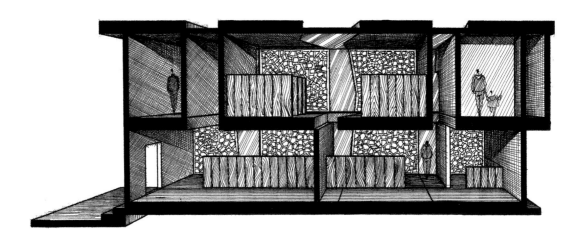

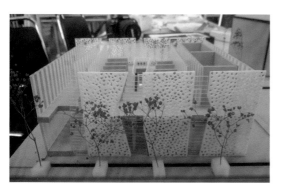

教师点评

空间整合作业中，也延续了方盒子的设计手法，将外框保留，形式上改为了不规则边框，框之间的缝隙形成了交通空间，将各个功能空间进行连接，同时还形成了很好的日光透射效果。方盒子中外立面的局部孔洞也改为全墙面镂空肌理，增加了丰富的光影效果。虽然形式和材质有所改变，但还是能看出该同学两份作品在设计手法上表达出的延续性。

空间构成与整合
白静 2016 级

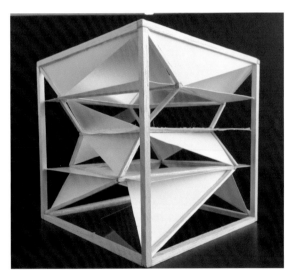

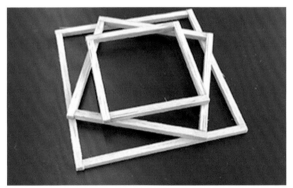

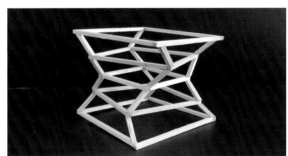

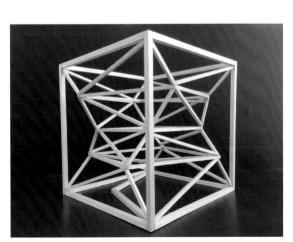

教师点评

该作品整体形式感强，元素统一，层与层之间由方形平面扭转，再上下拉伸、连接，形成了斜向三角墙体，以木材质为框架，用深色透明和不透明板材做空间划分，从人视角度观看，产生许多有趣的小空间。该同学还尝试用不同材质进行空间表达以及框架结构的单独提取，探索空间上的不同感受。

空间构成与整合——VR 体验馆
白静 2016 级

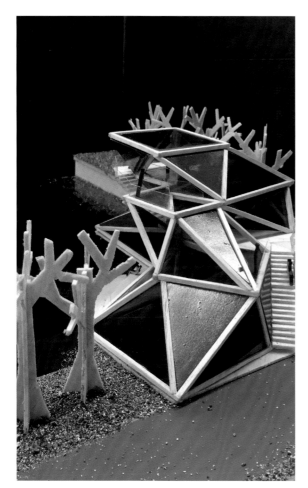

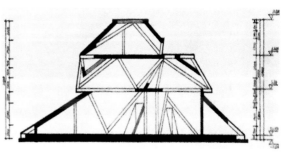

剖面图 ◢

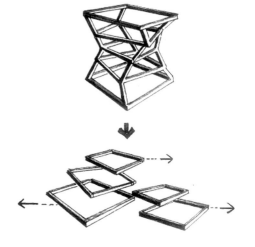

教师点评

该同学的空间整合作业延续了上一个方盒子作业的表达形式，结合选址地形进行调整，形成一大一小两个不规则扭转体块并在顶部汇合连接，整体效果现代感强，符合作品 VR 体验馆的定位。巧妙利用斜向支撑框架扶摇而上做室外楼梯，没有打破作品整体的形式感。

空间分割与变异
邓琳娜 2016 级

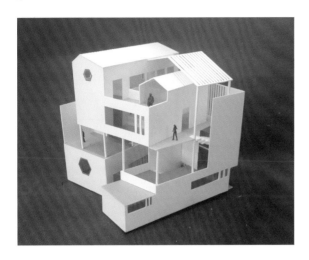

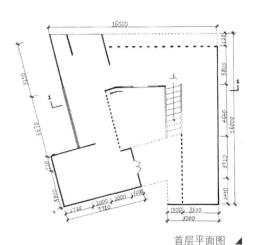

首层平面图 ◢

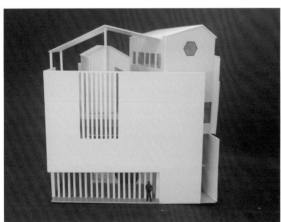

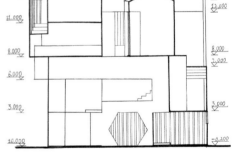

剖面图 ◢

教师点评

该作品能够看出徽派建筑风格的神韵，作者对徽派建筑的代表性元素如青瓦坡屋顶、花窗等进行提炼，采用现代设计手法表达，如格栅式的坡屋顶代表瓦顶、六边形开窗代表花窗等。错叠的三个坡屋顶体量关系有所差异，坡顶一半为实，一半为虚，形成了丰富的空间关系和光影效果。在立面设计上，一部分墙体也采用了格栅式开窗的形式，虚实关系协调，整体效果风格统一。此外，从带有灰色边框的六边形花窗这个细节不难看出，该作者对徽派建筑风格、新中式风格的设计手法进行了一定的研究。

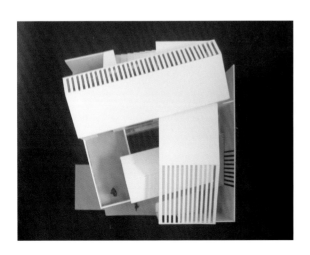

木叶书香茶屋
邓琳娜 2016 级

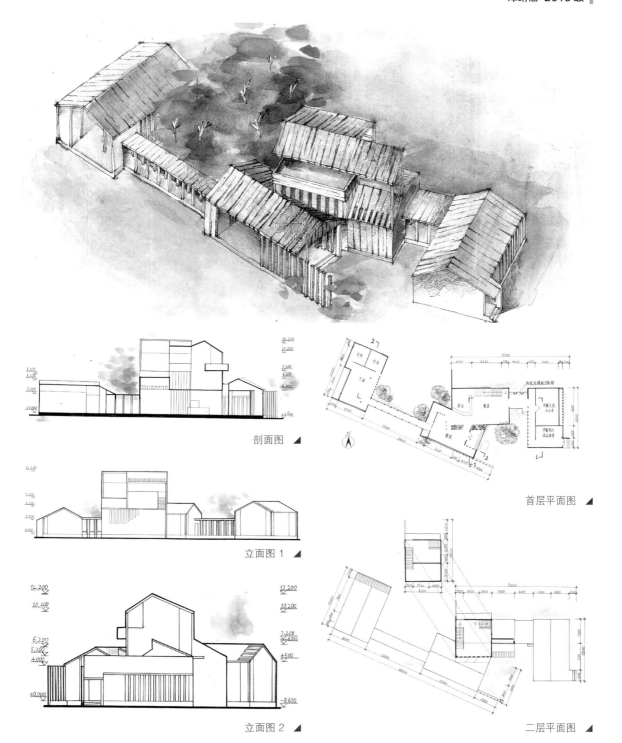

剖面图 ◢

立面图 1 ◢

立面图 2 ◢

首层平面图 ◢

二层平面图 ◢

教师点评

该作者在空间整合作业中，依然延续了方盒子作业的设计
手法。由于场地的限制，建筑分为了四个独立的单层坡屋
顶体块，并依基地走向进行扭转。该作品采用了木材质，
视觉上减弱了徽派建筑风格的效果，但依然能看出新中式
风格的设计手法。

空间构成

李明煦 **2016** 级

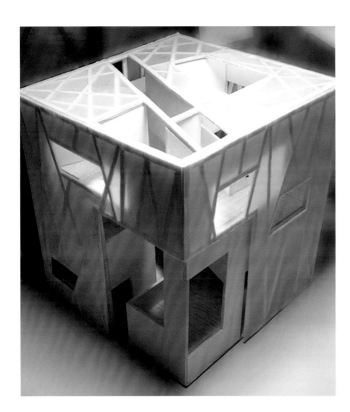

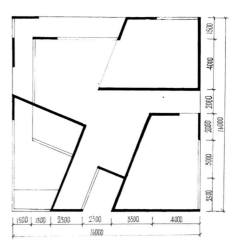

首层平面图 ◢

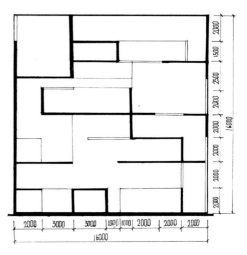

剖面图 ◢

教师点评

该作品外立面将半透明材质和树形框架相结合，有较好的整体效果，外方内斜，可以看出各层之间有着丰富的内部空间，并从材质上对平面和立面进行了区分和强调。不足之处在于，外立面的肌理相对独立，与内部空间不够呼应。如果将内外空间统一考虑，相信整体效果会更好，逻辑性也会有所增强。

空间构成与整合——健身房
李明煦 2016 级

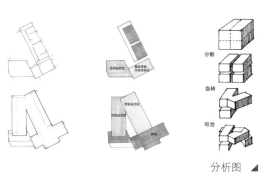

分析图 ◣

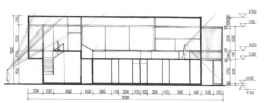

剖面图 1 ◣

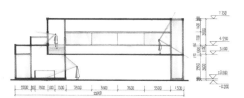

剖面图 2 ◣

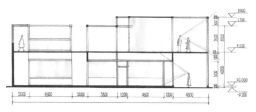

剖面图 3 ◣

教师点评

空间整合作业中，作者将体块延续前一个设计，以方盒子为原型，根据场地地形的选择和功能分区进行分割、扭转、咬合几个动作，重新组合，视觉上较为均衡，体块的围合形成了内部庭园，体块之间的高低错落形成了出挑平台等，可以看出作者巧妙地利用环境设计来丰富建筑空间。

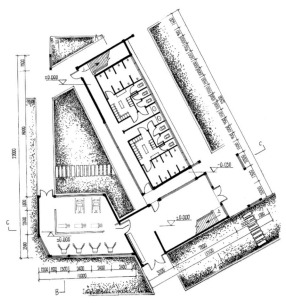

首层平面图 ◣

空间构成——单体旋转与重复
郭布昕 2016 级

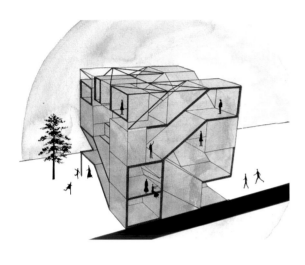

生成过程分析图 ▲

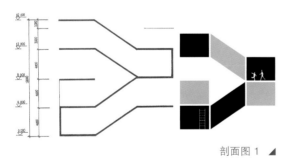

剖面图 1 ▲

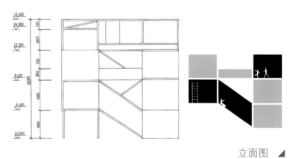

立面图 ▲

教师点评

该作品从平面看是用九宫格的方式进行分割，立面则分成了四层，两层为一组用中间的体块作为上下层之间的连通空间，再用十字交叉网格框架补足缺失体块，使方盒子从整体看还很完整。可以看出作者制定了自己的逻辑规则，再用不同的材质进行逻辑的区分，规则简单，空间丰富，如果模型再制作的细致点相信整体效果会更好。

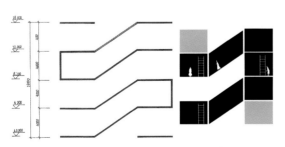

剖面图 2 ▲

05 实体建构
Physical Construction

课程设计任务书

建构学认为建筑的根本在于建造，建筑是建造而成的，也正是建造赋予了建筑本体表现性的要素：材料、结构、构造。建构学是一个企图将建筑所有的意义归结于建筑本身的一个理论。从学科上来讲，它致力于将建筑的工程性与人文艺术性联系在一起。它视建造为建筑的本质，并将其作为思考和探讨建筑问题的起点。

▌教学目标

1. 初步认识结构体系及其主要连接方式。
2. 了解不同材料、构件的力学特性及构造特征。
3. 了解轻质构件的组合、装配技术。
4. 体验设计到建造的全过程。

▌教学内容

1. 在限定空间中完成一个1:1空间实体的设计与建造。
2. 建议采用木材、纸板、塑料等轻质构件建造空间实体，可以是一面墙、一间小屋，甚至是景观构筑物。
3. 要求该建构空间符合人体尺度，可满足参观者坐、靠等某种行为需求。
4. 空间实体范围为3 m×3 m×3 m。

▌进度安排

第一周：材料特性认知与案例分析。
第二周：结构体系研究与节点单元制作。
第三周：空间实体建构。
第四周：空间实体建构并测试完善。
第五周：绘制实体空间图纸。
第六周：绘制实体空间图纸。

▌成果要求

1. 制作一个结构节点单元模型，比例为1:20，材料自选。
2. 四至五人一组，制作实体模型，比例为1:1，材料自选。
3. 每组绘制至少两张A1图纸（841 mm×594 mm），图纸内容至少包括设计方案的平面图（1:100）、立面图（1:100）、两张空间透视图、空间分析图，表达方式不限（铅笔、墨线、水彩等均可）。
4. 由于建造实体要从施工现场运到展场组装，所以要求该单元可拆解为一系列独立构件，且构件种类尽可能少，以为适应展览需求，要求学生完成作品在搭建完成后小组成员能够拆解成基本单元构件，便于携带，然后到规定场地内可复原。对于面向公众的展览，作品的安全可靠性是第一重要。1:1的实体模型必须满足强度要求，在参观者或坐或靠的情况下不能有倾覆的风险，并且要能抵抗一定的风荷载。

▌参考书目

[1] 肯尼思·弗兰姆普敦 . 建构文化研究——19和20世纪建造的诗学 [M]. 北京：中国建筑工业出版社，1995.

[2] 海诺·恩格尔 . 结构体系与建筑造型 [M]. 天津：天津大学出版社，2002.

[3] 托尼·亨特 . 托尼·亨特的结构学手记 [M]. 北京：中国建筑工业出版社，2004.

[4] R C HIBBELER. 结构分析 [M]. 北京：中国建筑工业出版社，2006.

[5] ANDREA DEPLAZES. 建构建筑手册 [M]. 大连：大连理工出版社，2007.

[6] Detail 建筑细部系列丛书 [M]. 大连：大连理工出版社，2009.

[7] 顾大庆，柏庭卫 . 空间、建构与设计 [M]. 北京：中国建筑工业出版社，2011.

[8] 柏庭卫 . 杠作：一个原理、多种形式 [M]. 北京：中国建筑工业出版社，2012.

[9] 迪米切斯·考斯特 . 建筑师设计材料语言 [M]. 电子工业出版社，2012.

纸板·空间——基于材料逻辑的建构教学探索

——李伟

摘要：论文在梳理了"结构""形式""建造"和"建构"概念的基础上，以纸板建构为切入点，探讨了将纸板材料运用在建筑设计建构教学课程中的主要教学优势、教学原则和教学维度。文章最后通过教学实践进一步论证和分析纸板建构的教学理论的可行性。

关键词：纸板；建构；教学

▌从"结构"与"形式"到"建造"与"建构"

"结构"与"形式"并不是建筑设计中陌生的概念，而"建造"与"建构"则是近些年来的新兴话题。如果说"结构"与"形式"偏于设计结果，"建造"和"建构"则更偏重于设计过程。那么我们先理清一下几者间的关系。弗兰姆普顿在《建构文化研究》一书中认为，"结构"是关于建筑中处理受力关系的一套体系或原则的抽象与一般的概念；而"建造"则是结构体系或原则的具体体现，因此可以说"结构"与"形式"是"建造"和"建构"的物化结果。而"建构"并不是一个仅仅关于建造技术的问题，它还关乎建筑形式的表达与创造。"建构"的目的是要通过对实现它的结构和建造方式的思考来丰富和优化空间形式。

在国外利用易操作的材料完成对学生的创造思维培养，已经被纳为职业训练的重要过程。对于建筑设计基础课程来说，在教学中，进行"实体空间1：1建构训练"不仅仅可以训练学生对三维空间的想象和表达，更是开发创造思维，积累设计素养的重要方法。因此，如何使未经过专业训练，初接触设计的学生理解"结构""形式""建造"与"建构"之间的关系，体验其设计内涵，是其日后进行建筑空间设计训练无法割裂的重要部分。

▌纸板材料与空间建构教学

建构材料作为一种基本的物质元素，既具有物理属性、力学属性等基本属性，又具有生态属性、视觉属性等特殊属性，因此建构材料是空间建构表现的重要因素。正如 B. 希利尔认为"建筑是对未加工材料的价值附加"。从某种意义上说，空间就是材料构筑的空间构成艺术，而空间设计也就是驾驭材料、组织空间的过程。因此，在空间建构中，合适的建造材料的选择是"建构"设计的基础和关键，不仅所选用材料的力学性质、质感肌理、加工方式在很大程度上也影响着空间建造方式的可行，而且材料的建构方式与逻辑也关乎着空间形式的品质与创造。

纸板建构的教学优势

瓦楞纸板常用于建筑设计基础课程中的空间建构教学。瓦楞纸板又称"波纹纸板"，由至少一层瓦楞纸和一层箱板纸粘合而成，瓦楞纸波纹相互支撑，形成三角结构体，因此，具有较好的结构性能和机械强度，纵向抗压效果尤为突出。而且瓦楞纸板自重轻，遮光性好，利用其作为空间建构的结构和维护材料，不仅使初学建筑者降低了在选择建筑材料上的盲目性，使其将精力集中于材料本身的构造节点与形式的研究与创造。

纸板建构的易操作性

建构的可操作性是学生参与1：1实体空间建构时面临的主要障碍问题之一。建造成本的增加、加工工艺的复杂等因素会大大增加学生出现纸上谈兵、眼高手低的状况，这不仅大大降低了建造的自身意义，也妨碍了学生对于建造过程的体验与积累。纸板建造成本低，建造速度快，易于加工，而且建造过程安全度较高。

纸板建构的生态性

材料本身的生态意义应成为当代建筑师权衡驾驭材料的核心标准。建筑师需要关注材料在生产和运输、施工、建筑使用和拆除全寿命过程中对生态环境的影响。纸板材料可回收，可循环利用，这种基于材料的生态原则为初学建筑设计的学生提供了一种新的空间建构逻辑，深化了建构的本质涵义。

纸板材料节点的可变性

通过变换纸板的组合方式，即可形成灵活多变的建构节点，因此纸板建构更适合教学中学生对于结构和空间形式的多维度探讨，更易于空间建构的创新与拓展。

纸板建构的教学原则

结构逻辑的高效优化原则

"优化"就是使一个系统通过最小的代价获得最大的效益。

对于一个结构系统，理论上都存在一个临界点，当设计方案不能达到此临界点，系统或构件就不能发挥其效益，导致不经济，而当超过此临界点，系统或构件就会坍塌或者失效。因此优化就是寻找这个临界点附近的一个狭小区域。因此，在建筑设计基础教学空间建构的教学中，充分发挥纸板材料的最佳技术形态和其组织形式的优化性能是纸板建构教学的主要教学依据和目标。

建构要求学生遵循纸板力学结构规律，忠实于纸板材料的本性和特性，理性地运用纸板材料，充分发掘和优化纸板材料及其组合的结构建构逻辑。通过对纸板结构中力的解析，并综合以均衡、比例、尺度等形式处理，实现"力量在制约中生成"的结构与形式的建构演绎，充分使建构空间的结构和维护体系实现优势互补，达到纸板空间建构整体性能的最优化。（图片如《听海》P134）

纸板建构的训练内容	材料建构的训练维度	课程环节	方法途径	设计表达
纸板材料的力学逻辑	受力特征分析	研究观察纸板的受力特征，如抗拉和抗压	调查研究图解分析比较研究	建筑徒手表达节点模型汇报演示
	力学特征改进	研究如何通过改变纸板形式，改善其力学性能		
纸板材料的形式逻辑	结构形式	分析探讨纸板折叠、交叉、角型等合理的结构受力形式	调查研究图解分析比较研究	节点模型建筑徒手表达汇报演示
	连接形式	分析和探讨纸板插接、铆接等可行的连接形式		
	空间形式	使其所创造的空间具备一定功能并符合基本审美规律		
纸板材料的表现逻辑	色彩表现	分析纸板自身的色彩特征，运用光影等营造特色空间	调查研究图解分析比较研究	建筑制图节点模型汇报演示
	质感表现	分析纸板材料的质感特征和给人的心理感受		
	肌理表现	运用编织、插接等手法创造纸板结构新的肌理		
纸板材料的建造逻辑	节点建造	分析和研究纸板材料节点形式与建构	图解分析调查研究用后评价	1：1建构建筑制图汇报演示
	生成建造	选择合适的生成法则，如从单元到重复		
	空间建造	完成从节点单元到空间体系建构的想象与表达		
	保护建造	运用可行措施对纸板结构进行保护，达到防风雨的目的		

表1 "纸板建构"作业的课程内容与纬度 ◢

空间形式的适用审美原则

虽然纸板空间结构本身具有一定的表现力，但我们所指的更深层次的建构优化，不应仅仅局限在结构体系和结构构件上，应该在寻找结构优化的同时也追求建筑空间的合理运用和美学价值的充分体现。因此，如何通过更高的层次使建构形式在结构逻辑与空间审美上得以综合实现，积极探索纸板材料本身的色彩、质感、肌理、光影和构筑空间的美学特征，挖掘纸板建构的潜力和反传统的建构表现力是纸板建构教学又一重要目标和原则。

建构造价的合理经济原则

"因财制宜"是建筑师在建筑设计职业中应该具备的基本素养之一。教学中要求学生运用合理造价与预算的纸板材料适宜地表现建筑形式与性格，建构和维护材料应直接明露，以彰显纸板材料自身的建构逻辑。通过简洁朴实的纸板材料构筑出的空间应更能彰显建构空间本身的品质与内涵。

纸板建构的教学维度

在纸板建构教学中，应拓展教学思路，丰富教学内容，多元教学纬度，将每个教学课题拆解为多个不同的阶段，使每个课题包含若干子课题，使教学环节从抽象走向具象（表1）。

▌ 教学实践

近两年来，天津大学建筑学院建筑设计基础教学组将纸板建构作为建构教学的主要内容。教学中要求学生3～5人一组，参与实际建造并自行完成从设计到施工的全过程。主要课程分为四个阶段。（图1）

1-a 节点建构方案比较与分析

1-b 节点到单元的建构实体　　**1-c 空间体系建构**　　**1-d 空间内部看表皮肌理**

图1 ◢

第一阶段：材料特性认知

要求学生认知纸板材料的基本特性，如：质强比、热工性能、环境调节性（温度、湿度、吸音）；结构特性（抗震性、耐久性、力学稳定性等）；构造特性（构造形式）。
设计成果要求：PPT演示与分析。

第二阶段：节点单元创造

课题中，要求学生在对纸板材料特性充分分析的基础上，利用材料本身的特性和表现力，运用折叠、插接、角型铆接等建构手法进行节点单元设计，并形成构思图解。节点单元可以是单元空间、单元结构或单元形体。这些重复的单元也可称为"模数"。单元是这种重复组合中最基本的组成元素，是进行创作的原始切入点，并且是可以被明确识别的组成体。
设计成果要求：节点模型50 cm×50 cm×50 cm；3# 设计概念草图1张。

第三阶段：单元组合设计

分析集聚式、空间网架式等组合模式，运用交错式组合、错落式组合、旋转式组合、比例缩放、移位、重合、动态网格等组合手法，将节点单元重复、扩展、变化，进行组合设计。
设计成果要求：单元组合模型；2# 设计组合草图1张；汇报演示。

第四阶段：空间体系建构

优化单元节点及其组合形式，在3 m×3 m×3 m的现实空间范围内进行1:1实体空间建构，基于人体工学知识，结合建造环境，生成具备休憩、交流、展示等一定功能的空间建构体系，并能够在室外环境下抵抗一般级别的风雨。
设计成果要求：1:1 空间实体建构模型；1# 图1张；包括了轴测图、节点剖面图（三个），其他自定；汇报演说（形式自定）。

▌ 结语

如果我们把"建构"称为"物质技术表现"，那么在建筑空间体验中，物质技术表现就是人们对空间体验的重要部分。肯尼斯·弗兰普顿在《建构文化研究》中写道：如果把建构视为结构的诗篇的话，那么建构就是一门艺术，一门既非具象又非抽象的艺术（Keneth Frampton. Studies in Tectonic Culture. The MIT Press, 1996）。因此，在教学中要引导学生通过对建构中连接方式、结构与构造、建造材料的研究，进一步凸现建构的方法、表现力与意义，按照"提出设计问题，进行研究分析，提出解决方案"的逻辑，培养学生调查研究、数据分析、观察思考、动手实践、团队合作等能力，使学生在教学中逐步掌握空间建构的研究和设计方法。

参考文献

[1] 顾大庆. 空间、建构和设计——建构作为一种设计的工作方法 [J]. 建筑师, 119.

[2] 史立刚, 刘德明. 形而下的真实——试论建筑创作中的材料建构 [J]. 新建筑, 2005, 4.

[3] 勃罗德彭特 G. 符号·象征与建筑 [M]. 北京: 中国建筑工业出版社, 1991.

从概念到建构——天津大学纸板建构作品浅析

—— 贡小雷

摘要: 本文通过对设计基础教学中的建构作业进行分析, 提出对构成艺术的反思。建构作业让学生初步认识结构体系及连接方式, 了解构件材料的力学特性, 体验从设计到建造的全过程。锻炼实践动手能力, 培养团队合作精神。在纸板建构作业中要求学生尽可能采用单元化构件, 达到构件简单、连接稳固、快速搭建的要求。

关键词: 构成艺术; 纸板建构; 单元化构件

建构是对构成艺术的反思与革新

20 世纪初西方艺术家深受社会巨变的影响, 或是充满活力与乐观, 或是沮丧与绝望; 他们激进地挑战传统, 在旧社会秩序瓦解时试图寻找艺术的新定位与新功能, 用艺术对政治与社会进行有力的抨击。最先孕育出的表现主义是艺术家将独特的内心情感以高度个性化的方式进行视觉呈现, 这与以视觉来描述经验世界的传统艺术是完全背道而驰的。这其中对现代建筑运动影响较大的几位代表人物包括: 德国表现主义的瓦西里·康定斯基、立体主义的乔治·布拉克、纯粹主义的勒·柯布西耶、俄罗斯构成主义的考start米尔·马列维奇、荷兰风格派的皮特·蒙德里安、德国包豪斯的拉斯洛·莫霍利 - 纳吉与约瑟夫·艾尔伯斯。构成艺术的共同点是都采用抽象元素表达对世界的认识, 是对传统的反叛以及对现代主义的期望; 越到后期, 艺术作品越加纯粹, 脱离了历史文化和周围环境的影响, 更加关注内在空间的表达。构成主义艺术的出现是与时代要求相符合的, 人们感受到现代科技带来的巨大力量, 对于传统的反叛使得功能主义至上的实用、简洁审美观越来越受到推崇。但对于真实环境下的建筑作品来说, 是无法脱离结构材料、文化环境的。一味追求构成艺术的审美, 建筑就会成为一件纯艺术作品陈列在博物馆, 脱离现实生活的需求。格罗皮乌斯曾说, 建筑师是"一位具有最广博

知识的协调组织者, 从关注生活的社会概念起始, 能成功整合我们时代所有社会、形式和技术的问题形成有机的关系"。对于刚刚进入建筑专业的学生, 需要建立一个正确的建筑观, 建筑是要通过艺术、文化、技术、材料等各种要素来表达固有本质, 需要努力掌握相关工具和材料, 不能过分固化在没有生命力的图纸之中。

建构正是对构成艺术的反思与革新。建构学认为, 建筑的根本在于用材料、结构去建造, 致力于将建筑工程性与人文艺术性联系在一起: 既要考虑建造真实环境中结构的合理性, 也要思考所形成空间对人的影响。设计基础教学在完善基础知识教学的同时, 希望通过一学年最后的建构设计作业, 让学生初步认识结构体系及连接方式, 了解纸板材料的力学特性, 体验从设计到建造的全过程。在规定的教学框架内发挥想象力、创造力, 并锻炼实践动手能力, 培养团队合作精神。作业要求在限定空间中用瓦楞纸板完成一个范围在 3 m×3 m×3 m 的 1:1 空间实体的设计与建造, 要求该建构空间符合人体尺度, 可满足参观者坐、靠等某种行为需求。在学生收集资料之前进行建构理论讲解是重要环节。要向学生介绍以往作品案例, 分析设计概念与空间特点, 并且研究作品结构体系的受力原理, 在结构原型基础上如何利用图解不断推衍, 逐步生成节点单元。

设计概念是建构作品的主题

建构与建造两者的不同之处在于, 前者塑造的空间要与人的感受发生关系, 用空间传递某种情绪, 或欢快, 或静谧, 或冲动, 或怀旧。形式本身仅是内心感受的载体。设计概念是整个作品的主题思想, 指导着材料选择、空间建构。比如"一升阳光", 是由巴西工人阿尔弗雷德·莫泽发明的一个装置, 将装满一升水的可乐瓶插在平房屋顶上; 阳光经过水的折射, 将室内变得明亮开敞。经测试"可乐瓶灯泡"相当于一盏 50 w 白炽灯。菲律宾贫民区住宅彼此相连, 室内昏暗无光, 屋顶装上后每月便可节约约 ￥120 的电费。已有 14 万户家庭加入"一升阳光"公益计划, 改善着人们的生活。

用相同的材料构件、搭建方式, 表达的概念却会截然不同。三个纸板建构作品均采用单元式构件组合, 但设计概念各有特色。作品《听海》的概念来源于海螺。自狭窄入口处空间逐渐开阔, 塑造感知反差、半开放的海螺式形态, 为人们提供静谧的休憩与思考的场所。通过集中式螺旋格局, 自然产生向心性吸引力; 其侧壁墙面构件中心点构件最多, 而后逐步递减。连贯、起伏的表面与海浪呼应, 绕行一周穿过低矮入口, 被室内四壁螺旋形状聚拢海浪环绕, 透过头顶洞口可看到蓝天, 感受接近自然的返璞归真。作品《日光森林》以克莱因瓶为概念出发点, 用连续性游廊模糊室内外界面; 穿

行其间，镂空立面在脸颊上留下斑驳光影。三角形构件相互咬合成的片墙就像儿童画中的松树林，环绕树林，感受不同角度的密实与虚幻。作品《光晕》针对任务书要求，思考利用何种信息手段自发产生网络社区。设计概念来自于百变针，通过对百变针单个元素的推拉，可以记录下人不同种类的活动，留下印记。借此概念，用密实搁架中的纸质活动杆件来实现目标：形色各异的行人穿行建筑，可通过推拉墙中杆件，在建筑物中留下自己的印记，实现微社区的互动交流。

纸板建构的单元化构件

在纸板建构作业要求学生尽可能达到构件简单、连接稳固、快速搭建的要求。采用单元化构件可以最大限度地实现这三个要求，在《听海》《日光森林》《光晕》三个作品中都有所体现。瓦楞纸板是有方向性的，水平瓦楞方向较软，垂直瓦楞方向较硬。作品《日光森林》采用 10 cm，长近 1 m 的"纸带"，将长边三等分后粘合成一个边长 30 cm 的正三角形，并在每一边上开四个凹槽供单元件间的插接。概念模型阶段受六芒星形式束缚连接墙面完全垂直于地面，光影效果与转角形式显得生硬无趣；最终实施方案是将墙面转角做成与地面呈 60°的坡面，墙面自身也层层出挑，实现从正三角形单元件到整体造型的和谐统一。由于三角形单元件在垂直方向上受压较重，因此纸带的长边必须垂直于瓦楞，以保证受力强度。凹槽与凹槽的对位及槽深度和宽度的设计，都使得单元件间能够最结实地咬合在一起。然而在垂直面上的承载力确实是软肋，当空间扩大到3 m×5 m 时，整体稳定性堪忧，几天后局部发生严重变形并牵动整体塌陷。700 个三角形构件完全相同，均采用裁板、开槽、压痕、粘合四个步骤。搭建从片墙转角处开始，与地面呈60°的坡面是搭建过程中的一大重点和难点，尤其在搭建到一定高度之上后就得借助桌椅或梯子的帮助。其余三角形都按一定的规律咬合拼接。在两部分转角搭好后，需要将两部分旋转调节至几乎平行的角度。

作品《听海》利用瓦楞纸板折叠及折叠后所产生的弹性以及插接与折叠的结合来产生通光孔。尽可能利用构件自身插口进行连接而不用其他连接件，可以减少重量，便于安装、拆卸。为保证纯粹性，在一些必须使用特殊构件的情况下，应保证特殊构件的形态风格与原构件的形态风格一致；设计时考虑利用折叠纸板产生的折痕来充当梁结构，并与纸板内纹的梁结合来形成稳定的结构框架。单元化构件设计原型为空间四棱锥，采取内部放开的方法，将四棱锥的底面和一个侧面去除，产生不完整的空间四棱锥；在等腰梯形两腰各相应留出宽 4 cm 的边，为铆钉连接提供位置。通过受力试验，建造时的等腰梯形构件尺寸确定为上底边 30 cm，下底边 60 cm，高 60 cm，底边与纸板内纹平行。通过连续的插接，构件自然产生弧度；固定底

边长度，改变梯形构件高度，以此产生单元变体，制出了连接后曲率不同的三种构件，高分别为 60 cm、70 cm 和 80 cm。从结构单元出发，利用插接所产生的固有弧形进行延伸可有效产生平滑的曲线，再加上每个构件刚性与构件之间的相互性，将产生足够的强度支撑自身重量；由于插接的规律性很强，在连接好的弧面内外两侧都产生富有韵律感的高低起伏形状。弧面延伸，在侧面形成半圆拱形结构；为抵消拱结构带来的侧推力，在拱形内部按与现有形式相统一的原则加入了"小拱"，既减小变形，又有效划分空间。

作品《光晕》通过构件之间的有序插接，形成具有一定厚度、通透的方格墙。尝试改变构件的宽度和槽口间距时，所形成的通透程度也随之改变。考虑结构稳定与光影效果，方案构件确定为宽 20 cm，长 108 cm，槽口间距分别为 4 cm、8 cm。模型的基本单元构件为长方形，由于纸板本身具有纵横纹理受力表现明显的各向异性，所以制作构件首先考虑的是纸板纵横纹理。经过实验发现，若纸板的短边与纹理平行，则不仅在结构上具有合理性，而且截面的纹理具有美观性。整个模型需要108 cm 长的标准构件约 700 个，其他特殊形状约 100 个。采取流水线作业模式，加工过程分为四步：① 在纸板两面平行粘贴透明胶带，覆盖纸板表面，除了防水作用，胶带粘贴方向与纸板纹路方向垂直起到一定的加固；② 将构件模板覆盖在纸板上，沿外边缘切割下来，标记插槽位置和折痕位置；③ 刻出构件两端的插槽，在构件需要折叠的部位划出折线并折叠；④ 一起搭建地基，其纹理与墙面相似，仍采用长方形构件插接而成。

（《听海》《日光森林》《光晕》三个作品的方案具体做法与数据来源于 2013 级、2014 级参加上海同济建造节学生撰写的《建构实验报告》）

《日光森林》平面　◀　　　《日光森林》立面　◀

参考文献

[1] 德普拉泽斯 . 建构建筑手册 . 2 版 . 大连 : 大连理工大学出版社 ,2014.

[2] 顾大庆 , 柏庭卫 . 空间、建构与设计 [M]. 北京 : 中国建筑工业出版社 ,2011.

[3] 冯金龙 , 赵辰 . 关于建构教学的思考与尝试 [J]. 新建筑 ,2005,3:4–7.

优秀作业与点评

时光镈隙
马龙 王昕 肖晗宇 张宇威 郑寒洁 牟彤 2013 级

教师点评

此方案是对"树"的一种结构性抽象和诗意的诠释。纤细木方环绕而成的树干，三角斜撑看似自然无序的生长，托起丰盈茂密的枝叶，在地面上投下斑斑驳驳的"树影"。作品没有复杂的节点和炫酷的外形，却好似枯山水般，带给人们对"树"的无限遐想和依赖。

听海

杨俊宸 蒋尘 吴婧彬 龙云飞 宋晶 张涛 张涵 陈蕴怡 姜业圻 2013 级

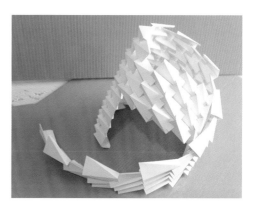

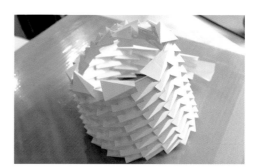

该作品获第八届同济大学国际建造节暨 2014 年"华城杯"纸板建筑设计建造竞赛二等奖

教师点评

该设计方案以瓦楞纸板折成的 3 个面均为三角形的立体构件组成，通过开槽插接的方式进行组合，形成螺旋上升的形式。方案具有较强的整体性，构件通过插接由垂直向的墙体逐渐转化为水平向的屋面，从而分别形成引导性与围合性的空间。立体构件的组合使得围合界面肌理具有鲜明的凹凸对比，进而形成光影的明暗变化。该方案中由一侧墙体自然转化成屋面后与另一侧墙体的交接方式仍有待深化。

光晕

连绪 先楠 柴彦昊 申子安 赵夏瑀 王梓豪 阳星励 张敏　2014 级

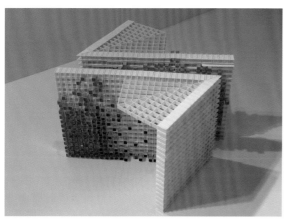

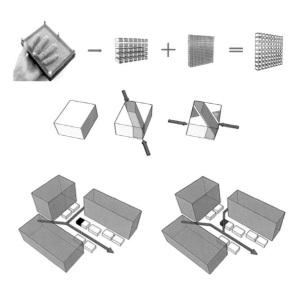

体量生成分析图　◢

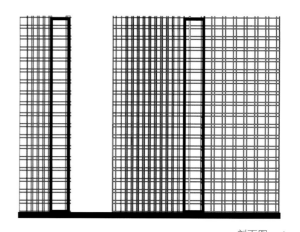

剖面图　◢

该作品获第九届同济大学国际建造节暨 2015 "风语筑" 纸板建筑设计与建造竞赛三等奖

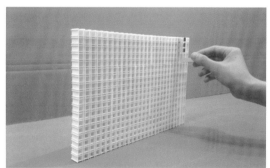

教师点评

该方案设计以对人行为的思考和探讨为出发点，在基地中引入人们通行的对角线路径，塑造路径通道内与外的空间。首先运用瓦楞纸板插接为密肋结构，作为墙体、地面和屋面的支撑体系，进而将一定长度的空心纸筒插入密肋结构的部分网格之中，通道内外的人们将纸筒进行双向推拉，使之切近或远离人的身体，由此形成通道内与外之间人行为的互动。纸筒的伸缩使墙体、地面这些空间界面形成灵活多变的凹凸起伏，人的行为在这些变化中被激发。

天梯石栈
邓宏杰 胡天 史文舒 苏丽雅 2014 级

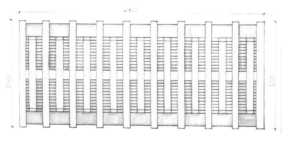

平面图 ◤

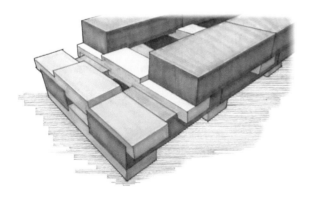

教师点评

"砖木"这对传统老搭档在这个作品中被赋予了新的关系——"微观"和"碎片化"的联结。耐弯的木和抗压的砖,不再扮演泾渭分明的屋顶和墙体,转而通过无数碎片化的砖块儿和木方在微观结构的尺度上彼此咬合与卯接,使砖块实现水平方向接近无限的层层出挑。作品的形式是简单的,但这种微观碎片化的搭接方式可能带来一系列的砖木结构新形态。

树下空间

徐豪 陈文豪 杨逸贤 林幽然 梁新梅 2015 级

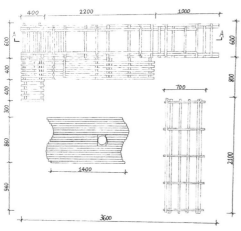

平面图 ◢

教师点评

这个作业是当年人气最高的一个，原因既不是结构巧妙，也不是形式突出，而是由于它营造的梦幻空间和极强的交互性。学生选择在树下空间进行建构，就已经成功了一大半，日光映射下的树下空间本就光影斑驳，再挂上枚属于自己的许愿牌，高高低低一片，清风徐来，叮咚发声，让人不光忘记身在何处，更已想不起来再去关注树下座椅那些"真正"的建构，真可谓歪打正着，但更提醒我们，打动人心的建构更美。

千只鹤

彭元麓 聂硕 李栋钰 刘银银 董睿琪 贾宇婕 曾祥铭 吴金泽 2015 级

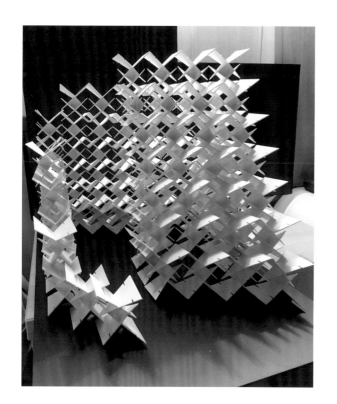

教师点评

该方案设计以三角形 pp 板组成基本构件单元。在此基础上，运用构件单元的插接形成空间，方案整体呈轻盈之感，表皮形成较为丰富的虚实和光影变化。该方案中构件单元的组合方式为开槽插接辅以直角件锚固支撑，对于建构中如何顺应构件单元的受力方向有待深入思考。

丨该作品获第十届同济大学国际建造节暨 2016 "风语筑" 中空板建筑设计与建造竞赛三等奖

羽巢
许智雷、魏欣华、卢见光、卢昱吉、任叔龙、王苏威、郑成禹、王润朗、刘玮琰、杨楷文 2016 级

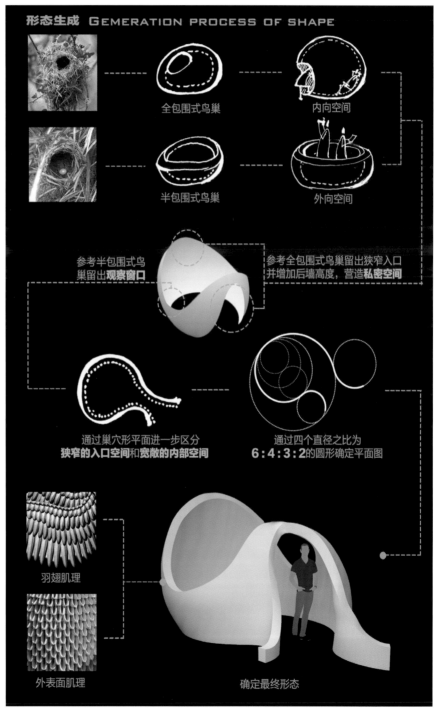

该作品获第十一届同济大学国际建造节暨 2017"风语筑"中空板建筑设计与建造竞赛一等奖

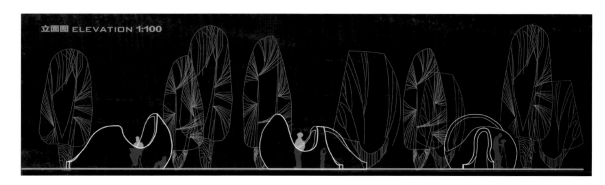

立面图 ELEVATION 1:100

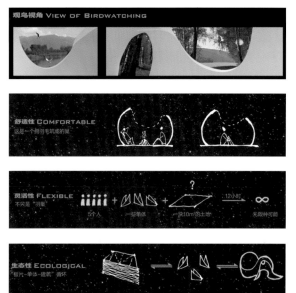

观鸟视角 VIEW OF BIRDWATCHING

舒适性 COMFORTABLE
这是一个用羽毛筑成的巢

灵活性 FLEXIBLE
不只是"羽巢"
5个人 一些单体 一块10m²的土地 12小时 无限种可能

生态性 ECOLOGICAL
"板片-单体-建筑"循环

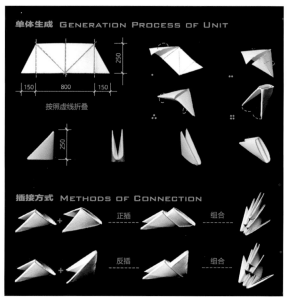

单体生成 GENERATION PROCESS OF UNIT
250
150 800 150
按照虚线折叠
250

插接方式 METHODS OF CONNECTION
正插 组合
反插 组合

透视图 PERSPECTIVE

林中观鸟

湿地观鸟

羽巢内景

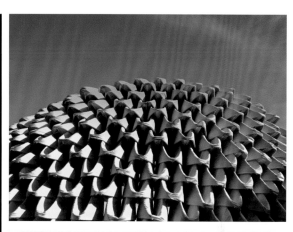

细节分析 ANALYSIS OF DETAILS

自然弧度　　　　外表面肌理

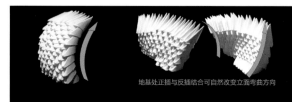

地基处正插与反插结合可自然改变立面弯曲方向

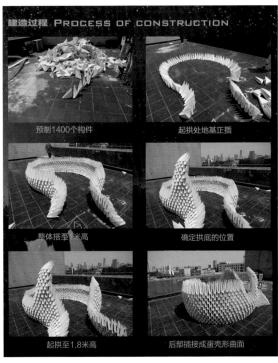

搭至2.5米高   完成拱顶对接

教师点评

该方案设计以 pp 板折叠而成的三角形为基本构
件单元，通过层层插接的方式组合建构，空间
整体呈巢穴状，具有较强的整体性和灵动性，
形成引导、过渡、围合的不同属性空间。在地
基处理上，通过正插与反插两种方式形成围合
界面凹凸的自然转化，围合界面形成如羽状的
表皮肌理和明暗光影。设计通过较为巧妙的方
式探索材料的可能性，从基本单元到插接方式，
再到空间形式和表皮肌理，方案整体一气呵成。

织坊

任叔龙、卢见光、卢昱吉、程良昊、许志雷 2016 级

织 坊
Knit Gallery

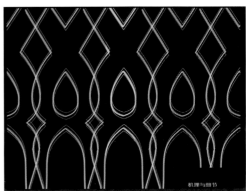

机理与细节

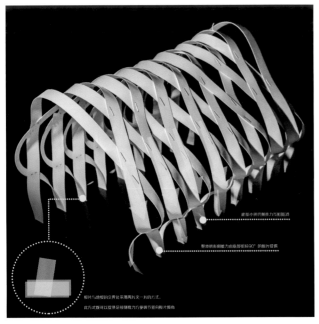

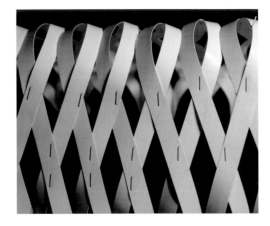

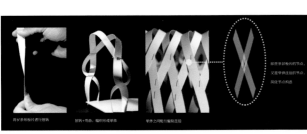

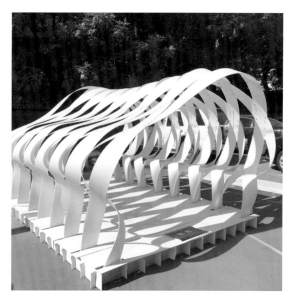

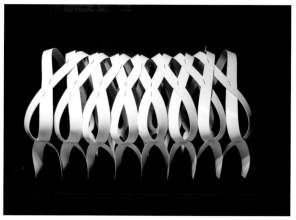

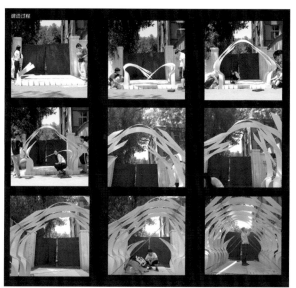

教师点评

该方案设计以 pp 板为材料，在精确测算和实验的基础上，确定板片的宽度和长度，利用其韧性进行空间建构，方案中每个单元的底部以两个带形板片的空间扭转形成支撑力，单元之间在空间上进行编织，从而形成整体结构的稳定性。方案的构件与空间设计均简明清晰，自然形成韵律感极强的光影效果。该方案中沿板片方向的稳定性有待进一步深入思考。

知理亭

胡慧寅 国雪涵 金子琪 何欣南 张科才　2016 级

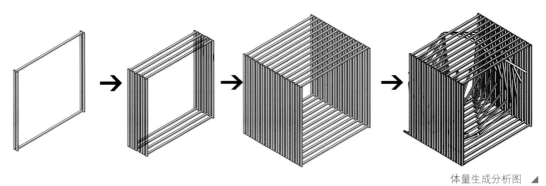

体量生成分析图 ◢

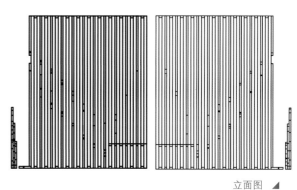

立面图 ◢

该作品获 2017 第二届北京建造节暨北京交通大学第六届创意文化节一等奖

教师点评

在众多张扬个性的作品中，本作品以关怀场所之心低调地表述诗意，精确地计算人的行为和尺度、材料的稳定和强度，借景、对景自然而然地发生在结构理性的人体尺度空间，实现对竞赛主题"理木·知筑"的应和。

折木而栖

陈俊杰 董皓月 郭布昕 韩志琛 罗宇涵 赖宏睿 2016 级

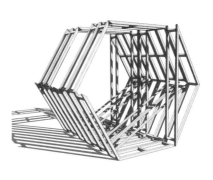

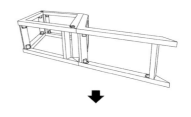

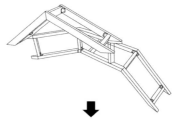

体量生成分析图 ◢

该作品获 2017 第二届北京建造节暨北京交通大学第六届创意文化节二等奖

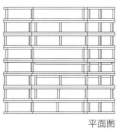

平面图

剖面图

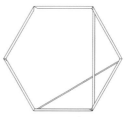

立面图1

立面图2

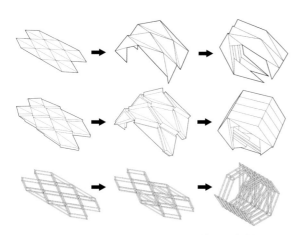

体量生成分析图 ◢

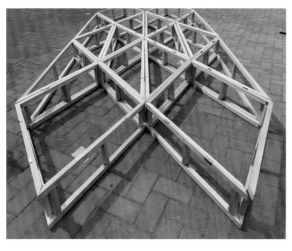

教师点评

该作品参考厚板折叠的概念，制作了一个由二维平面的构件折叠成三维空间的可变结构。与其说是建构单元空间，不如说是探索机械装置。折叠后形成了正六边形的紧凑空间，实现人坐、卧等简单动作。

风吹麦浪
毕心怡 陈载宇 迟冰钰 兰迪 庞若云 2016 级

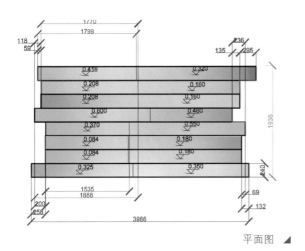

平面图 ▶

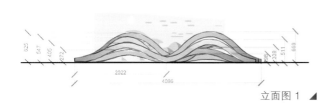

立面图 1 ▶

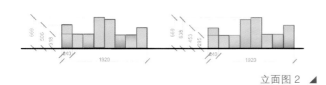

立面图 2 ▶

教师点评

人们对拱券结构的印象常常是厚重和富有年代感的，很难将其与"水"联系在一起，而这个作品却将古老的拱券玩成了水。建构的功能是为孩子们提供一个休憩玩耍的场所，传统的拱券洞口不见了，取而代之的是许多大大小小的砖拱连接起来的砖块儿海洋，使行人在惊讶于呆板厚实的砖头竟能变得如此柔软平滑的同时，更会情不自禁地想要走近它坐一坐躺一躺，"互动性"成为这个作业更加突出的亮点。

玲珑墙
葛雅璇 费韵霏 多兰地 刘亨元 陈锴迪 2016 级

穿行

避雨

嬉戏

种植

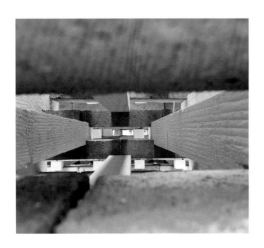

教师点评

这个作品是对"天梯石栈"中的砖木微观结构形态进行的一次新尝试，将原本砖木相对保守的直线层层出挑，演化为一个优雅的曲线洞口，第一次将砖木微观结构扩展成为空间的建构。从拱洞中穿行，两侧层层叠叠的矩阵式木方，配合一块块错位排布的砖石断面，眼前可能会暂时分不清是在真实世界，还是在电影《星际穿越》片尾镜头的四维时空中……这也许是这种砖木微观结构，在结构之外，所具有的一点技术隐喻吧。

教师寄语
The Teacher's Words

王 苗
WANG Miao

■ 设计活动是主动去观察、发现和探寻的过程，用逻辑思维来解读设计过程的每一个步骤，先思考自己每一步要做什么以及这么做的目的是为了表达什么，最后再发挥形象思维将逻辑思考过程表达出来。

本学期的第一个作业希望同学们能够从自身的兴趣点出发，通过对人体尺度的了解延伸到对建筑空间和城市街道尺度的感官体验，逐渐培养出自己对于不同空间的尺度感，在体验式学习中掌握测量、考察、访谈等多种调研方法及基本的绘图方法。

第二个作业训练重点在于对建筑大师空间设计手法的学习。选择自己喜欢的建筑大师，去研究他的一个或一系列作品，揣摩大师在设计过程中的思想，甚至可以是从草图到最终建成过程中的方案演变，去学习大师对于建筑空间氛围的营造手法，同时熟悉、读懂建筑图纸，并掌握基本的图纸绘制与模型制作方法。

王 焱
WANG Yan

■ 让我们来看看设计课程教育能给予你们的和不能给予你们的。

设计是把"构想"表达为"形式"，即：设计 = 构想 + 表达过程 + 表达形式。课程学习中你"必须"且"能"掌握的是表达过程和表达形式。至于如何表达得在清晰共识之上更具个性，需自行摸索。而构想是你创造性思维的结果，构想 = 经验 + 天赋。经验涵盖广博，涉及学科复杂，例如美学、心理学、工程技术……不赘述。每一学科正如设计学科本身，课程教育能给予你的仍然是"基础"，入门容易精通难，关键在于你所看、所思、所感、所掌握。

至于天赋，请自行检验基因。所以，不要迷信设计课程教学，这并不能让你成为设计大师；但更不能疏忽课程教学，这至少能帮你打开有关设计的大门。

冯 琳
FENG Lin

■ 对于建筑初学者而言，观察、思考、分析、体验是非常重要的基础训练，其注重和强调：敏锐的视角，洞察建筑与城市的不同面向；深入的追问，探究表象背后的源起和本质；清晰的思维，呈现逻辑的推演与概念的物化；身体的介入，建立以人为主体的空间认知。

孙 莉
SUN Li

■ 希望同学们通过一年级上学期的课程能够初步了解建筑设计和城市设计的相关知识体系，较为熟练地运用多种建筑及规划设计表现技法，培养对物质空间和社会空间进行感知、调研、分析、想象、改造和创造的多方面能力。

孙德龙
SUN Delong

■　学生在入门阶段要建立基本空间观，习惯在建筑学范式内思考问题，在场景再现与形式图解之间切换，因而要达到以下要求。

城市认知：

1. 了解并合理运用绘图和模型工具。

2. 注意各认知阶段的连贯性与逻辑性。

3. 准确真实地反映观察信息。

4. 需将调查信息转化为图解，清晰可读而非简单再现。

5. 根据信息多寡，灵活创新地运用多种图解表达意图。

空间认知：

1. 善于通过既有资料抽象概括出空间设计原则。

2. 通过分析作品准确把握设计概念。

3. 模型制作准确，严格体现原有建筑建造体系与空间组合关系。

4. 实体空间与技术图纸对应准确。

贡小雷
GONG Xiaolei

■　第一学期一项教学重点是从行为尺度来认识城市、建筑。在学习人体基本尺寸的基础上，学生要了解行为尺度在环境中的体现，比如"坐"——坐着吃饭与瘫在沙发，或是"走"——校园散步与走入教室。不同环境下行为发生变化，尺寸与氛围也随之改变。通过细致观察，不断以照片、模型、图纸等方式进行记录，建立客观世界与主观思维的联系。更高要求是在总结调研内容后，善于归纳分析市民生活习惯，或是某一空间格局，并且提出自己的看法。

建筑设计基础是本科一年级学生的主要专业基础课，课程通过系列作业的设置，逐步完成建筑师基本素养的启蒙和养成，并启迪学生自主思考并探析什么是建筑，什么是设计，什么是建筑设计。第一学期的教学从观察和体验开始，建立以人为本的建筑理念，强调学生充分调动自己的感官（视觉、听觉、嗅觉、味觉、触觉），用感知（认知的、情感的）体验周遭我们所生活的环境，其中着重理解并实践如何从身体开始建立不同的尺度感，并训练如何用图示语言进行记录和表达。

何蓓洁
HE Beijie

一个冬天的早晨，一个名叫"保罗"的小男孩刚从睡梦中醒来，他走到卧室的窗边凝视着窗外。天刚刚拂晓，雪花开始飘落。保罗搬来一把木椅，把它放在窗前，他坐在椅上观赏雪景。雪越下越大，他一整天注视着窗外漫天的飞雪渐渐充满了整个世界。雪不停地下着，悄然无声，保罗也一直在静静地观看。大雪融入了整个世界，也融入了保罗的头脑、意识和灵魂，起初还是轻轻的、柔柔的，但是很快，它完全地闯入了保罗内心。故事就在他整个身心与大雪交融时结束了……

辛善超
XIN Shanchao

张小弸
ZHANG Xiaopeng

■　同学们作为建筑及相关专业的初学者，第一阶段的课程是以人体或自身尺度认知作为出发点，从对人体、行为、空间的感性认识逐步转变为运用专业知识从不同的角度对行为、建筑、城市的探索。在这个过程中，希望你们能够通过观察、分析、调研的方法结合建筑初步的理论知识，来验证你们最初的感性认识并且发现空间与人更深层面的关系，感受身临其境学习的乐趣。

第二阶段的课程，要求对你们所感兴趣的建筑师一个到一系列经典作品进行了解，通过各自不同的角度对建筑案例进行分析来学习当时建筑师在解决建筑的空间、形式、使用、场所和建造等基本问题时所体现的设计智慧。学习读图并掌握运用图纸制作三维模型的方法。

张天洁
ZHANG Tianjie

■　设计基础帮助大家从非专业化的认知经验，逐步建立起关于建筑、城市、环境的相对专业化的空间意识。我们会学习空间属性、构成原理、美学规律、形态构造方法，培养空间想象力、关联性分析和逻辑推导能力。并从日常生活体验出发，将空间的物质性拓展到非物质性，了解空间语汇里丰富的人文底蕴和艺术特征，从而建立较全面的空间认知、形态创新与意蕴塑造的综合能力。

张明宇
ZHANG Mingyu

一年级的设计课程是以"空间设计与建构"为主线的，它帮助同学们实现从空间体验认知到空间设计建构的转变。建筑、城市规划、景观设计同样都需要以人的活动为载体，形成空间及空间感受，并转化为人们对其的感知及利用。

设计从空间开始，是近些年天津大学建筑学院建筑设计基础课程一直秉承的一条主线。在这条主线中，同学们会从自身活动的空间开始去理解人体基本活动的空间尺度，从街区认知理解人的社会活动尺度，从设计大师的作品分析来理解空间的设计及营造，从空间生成及建构来理解建造的基本技术和手段。这会帮助同学们从简单的立体几何的空间理解转变成为建筑设计师的角度去观看空间、理解空间、设计空间。

陈高明
CHEN Gaoming

建筑设计基础作为建筑、规划以及环境设计等专业的通识性和基础性课程，它是通向专业设计的基石，在本门课程中，大家需要注重两个方面的学习。

其一：理解并谨记制图规范及各类图形符号。
图纸作为一种图式语言是设计人员进行沟通、交流的纽带和桥梁，能使用规范的图形符号来表达设计意图是建筑、规划和环境设计专业学生的基本能力。诚如世界经济论坛设计分会主席爱丽丝·劳斯瑟恩所说："一图胜千言"。

其二：注重"关系"的处理。
无论建筑、规划还是环境设计，其本质是一门处理各种关系的学问，如：尺度关系、比例关系、色彩关系、空间关系以及人与环境、环境与环境、整体与细部的关系。只有妥善、合理地处理好这些关系并使之协调，才是优秀的设计。所以要学会处理涉及环境的各种关系问题。

赵 迪
ZHAO Di

设计学科的启蒙阶段，有这些关键词：观察、思考、审美、"人"的认知。

设计师需要注重培养敏锐的观察力，你应该多走走，多看看，多学学，并用心思考，无数大师都起步于此。也许你需要花很长的时间去培养审美，因为没见过美的事物，又怎能做出美的设计？美是广义的美，它包括一切审美对象，不止是艺术之美、生活之美，还有高层次的人性之美。你可以在人体尺度认知的作业中去观察人体美、城市美、自然美，等等。

建筑师、规划师或是风景园林师都是要与人、与环境发生联系的，你会逐渐理解"与自己、与他人、与自然的关系"。

建筑学院会为你开启一扇新的门，你会发现多样的美，会发现不同的世界，这样想想，之后的无数熬图之夜也不算什么了。

袁逸倩
YUAN Yiqian

建筑设计其实就是空间的设计，空间是为人所使用的，人的行为尺度是空间设计的基本参考数据，了解自身的尺度和环境行为的对应关系是空间设计不可或缺的依据。对尺度的正确理解以及在各类空间中的灵活运用，是设计的根本。学习感知对空间的体验、认知、表达是设计之初必须具备的知识。

郭娟利
GUO Juanli

静态的人体尺度与动态的人体活动尺度是我们认知空间的基础。本学期建筑设计基础课程的训练目标是通过人体尺度的认知，从单体建筑的空间体验拓展到城市街区，建立根据人体尺度感知空间的设计观念。主要关注以下两个方面。

第一：人体尺度与空间的关系。
从建筑内部空间分析家具、设备与人体活动尺寸的关系，延展到城市街区的认知、城市体验的调研，训练学生利用记录工具、观察方式、行走体验和空间来认知环境，从而形成街区意向并转化为图示。

第二：掌握绘图的基本知识与体会空间设计的基本方法。
通过对不同尺度人的行为观察与体验，结合大师作品分析，通过体会该作品的形成背景、设计理念、空间生成方式及空间行为逻辑的生成规律，完成图纸的绘制并掌握空间生成的分析方法。

蔡良娃
CAI Liangwa

建筑设计初步是建筑、规划与景观专业共有的一门基础课程，它的主要目的是进行基本功训练和设计启蒙，为以后的建筑、规划与景观设计做好准备。我们这一学年的课程大致包括了四个基本训练：建筑与城市认识、建筑表达、建筑构成与设计入门。虽然我们每天使用建筑、置身城市之中，但对于刚刚进入建筑学专业学习的大一同学们而言，建筑与城市的概念并不清晰。第一个课程设计的目的就是，通过实地测量帮助同学们理解建筑空间与人体尺度的关系，初步建立对建筑的形象认知；用系统的、从整体到局部的方式分析城市的建筑、景观、场地和道路交通等要素，了解城市与建筑、城市与社会、建筑与文化等之间的关系。

滕夙宏
TENG Suhong

一年级的设计课程目的是建构一个体系，帮助大家完成从体验—认知—学习—设计这样一个过程。在这个过程中，同学们会走进这个熟悉而又全新的领域。说它熟悉，因为建筑也好，城市也好，景观环境也好，是你们每天、每时、每刻都会接触到的东西，说它全新因为我们要从一个之前完全不了解的层面和角度去学习它们，就好像你们从前是舞台前面的观众，而现在你们通过这个过程，掀开了幕布，看到了那后面的世界。

魏力恺
WEI Likai

设计是自己跟自己做的一场游戏。建筑师既是现实生活空间的塑造者，更是日常空间的玩家和体验者。把自己想象成一只蜘蛛或是小蚂蚁，在书包和文具盒里面走一走撞一撞，其实跟我们在校园和系馆看一看逛一逛，是不是没啥分别呢？所以我们要常具两种思维：宏观状态和微观状态，二者相差的不是维度，而是尺度。熟练自如地在宏观和微观尺度中穿越，从理性上认识城市街道，再从感性上触摸建筑空间，闭上眼睛锻炼自己"蚁人"的特异功能，是我们走向空间设计的第一步。

图书在版编目（ＣＩＰ）数据

设计从空间开始：建筑设计基础作业集 / 袁逸倩，
贡小雷主编 . –– 天津：天津大学出版社，2017.11（2018.8 重印）
 ISBN 978–7–5618–5989–6

Ⅰ . ①设… Ⅱ . ①袁… ②贡… Ⅲ . ①建筑设计 – 高
等学校 – 教材 Ⅳ . ① TU2

中国版本图书馆 CIP 数据核字 (2017) 第 276300 号

图书策划　　杨云婧
文字编辑　　李　轲
美术设计　　高婧祎
图文制作　　天津天大乙未文化传播有限公司
编辑邮箱　　yiweiculture@126.com
编辑热线　　188–1256–3303

出版发行　　天津大学出版社
地　　址　　天津市卫津路 92 号天津大学内（邮编：300072）
电　　话　　发行部 022–27403647
网　　址　　publish.tju.edu.cn
印　　刷　　廊坊市瑞德印刷有限公司
经　　销　　全国各地新华书店
开　　本　　185mm×260mm
印　　张　　10.5
字　　数　　263 千
版　　次　　2017 年 11 月第 1 版
印　　次　　2018 年 8 月第 2 次
定　　价　　75.00 元